有隣堂 名物バイヤー 岡崎弘子の

愛すべき文房具の世界

岡崎弘子・
有隣堂YouTubeチーム

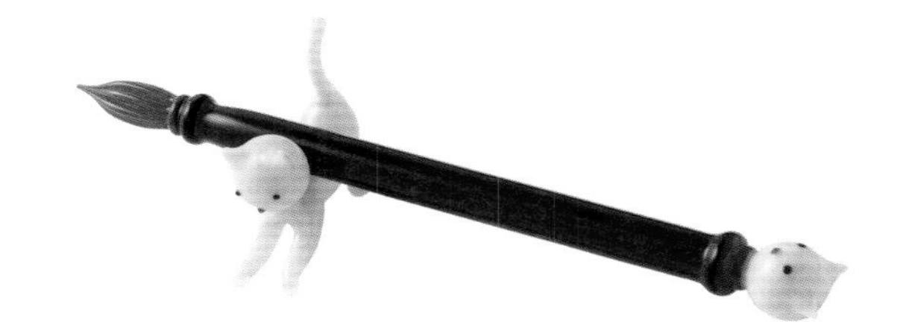

ついに文房具の本が
出ちゃいました。
どうなることやら……
YURINDO
同業他社も注目する
「自由すぎる」
企業YouTubeは
こうして生まれた!!
横浜の関東大震災
黒船異聞
横浜の女性宣教師たち
YOKOHAMA

岡﨑 弘子

ちょっと！
大丈夫ですか？
心配しかない
じゃないですか！
R.B.ブッコロー

はじめに

岡﨑　今回、YouTubeチャンネル「有隣堂しか知らない世界」がきっかけで、ついに私の大好きな文房具がギュッと詰まった本ができました！

ブッコロー　岡﨑さんが「これ好き」「あれ好き」って感じで、これでもかと「好き」を羅列して、それをまとめた本になっているんですよね。

岡﨑　チャンネルに出てきた文房具はもちろん、筆記具や紙文具などの基本となる文房具から、読書文具、蓄光文具などかなりクセの強い文房具まで、私の「好き」を基準にセレクトしたお気に入りを紹介しています。

ブッコロー　そういえば、岡﨑さんって、いつから文房具が好きなんですか？

岡﨑　幼いときの家の隣が町の文房具屋さんだったんです。毎日通ううちに、私の好きが形成されていった気がします。子どもの頃は、友人ときれいな折り紙やスーパーカー消しゴムとかをコレクションしてました。

ブッコロー　お小遣いを持って折り紙やスーパーカー消しゴムを一つひとつ集めるのにハマって、そこから文房具への愛が目覚めた感じなんですね。

岡﨑　そうですね。そういう流れでした。

ブッコロー　スーパーカー消しゴムは今も持っているんですか？

岡﨑　今はないんですよ。ちょっと後悔しているんです。引っ越しが多かったのでどこかにいってしまって……。スーパーカー消しゴムはすごい量を持っていたんですよ。それが忘れられなくて、今でも消しゴムは大好きです。今回セレクトのテーマにした「好き」なんですが、最近でも半泣きになるほど感動したことがあって。川口剛（かわぐちつよし）さんというガラスペン作家さんに有

隣堂から依頼をして、ガラスペンを作ってもらっているのですが、仕入れ本数が少なくてとっても貴重なんです。

ブッコロー 量産していないんですよね。

岡﨑 はい。届くまでの時間もドキドキだったんですが、梱包された箱を開けた瞬間、あまりにもきれいなものだったので、涙が出そうになって「文房具を見てこんなに感動することってあるんだ」と改めて感じました。もともとキラキラしたものや、美しいものがすっごく好きなんですが、箱の中にその「好き」がたっぷりと満たされていたんです。

ブッコロー 岡﨑さんの好きなキラキラと、好きな文房具がきれいにドッキングしたんでしょうね。文房具ってどちらかというと機能重視なんで、キラキラさせればさせるほど使い勝手は悪くなりますもんね。それを見事に融合させたガラスペンがたまらなかったと。でも紐解けば、そこまで行き着くにはスーパーカー消しゴムがきっかけだったんですもんね。スーパーカー消しゴムがここまで連れてきてくれたのかもしれませんね。

岡﨑 そうですね。スーパーカー消しゴムは今でも大好きです。ちなみにブッコローさんが好きな文房具とかありますか？

ブッコロー ……そう言われると、ないですね。普段よく使うのはジェットストリームです。あとはフリクション。この2つ以外の筆記具はあまり触らないです。あと文房具で触るものあるかな……？

岡﨑 ノートとか手帳は？

ブッコロー 僕はまだ紙の手帳使っているので、やっぱり書くのはジェットストリームとフリクションですね。そうだ！ あとはエナージェル。このペンは本当、500年後でも残っていてほしいです。

岡﨑 今後使ったり、見てみたかったりする文房具ってありますか？

ブッコロー これまでにも、すごい機能や見た目の文房具がありましたからね。本っ当にいろんなものがあったので、「今後」と言われると、とんでもないものになりそうですね。……空飛

感動しすぎて
半泣きになりました

ぶ文房具とかあるのかな。ここまででも、だいぶ出尽くした感はありますけど、生配信で「どんなのをやりましょうか」って募集すると、意外にまだやってないものについてのコメントもらいますもんね。ここからどうなるんでしょうね。文房具ってこれから進化するのかな。

岡﨑　突然の進化もありますからね、きっと。

ブッコロー　１００年後はどうなっているんですかね。

岡﨑　１００年後は、何もしないと筆記用具がなくなっているかもしれません。それは残念なことだと思うので、きちんとよさを伝えていきたいですね。

ブッコロー　すごい。コメントが伝統工芸士みたい。工芸士、今回は初めての著作になると思うんですが、本を手に取ってくださった読者に向けてメッセージをいただけますか。

岡﨑　どうか皆さん、文房具を見て、触って、楽しんでいただけたらと思います。そして、感謝の気持ちをお伝えしたいです。今回の書籍に関わった方々はもちろん、本を手にしていただいた皆様をはじめ、私の周りにはいつも感謝したい人ばかりです。お店のお客様にもすごく感謝しております。「ＹｏｕＴｕｂｅも見てくださってありがとうございます」「私にこんな機会を与えてくださりありがとうございます」って感謝を伝えたいです。

ブッコロー　ＭＣには？

岡﨑　え？　周りだからＭＣも入ってますよ。ブッコローにも本当に感謝です。

ブッコロー　ちょっと足りないな。「そして何よりも、ここまでチャンネルを成長させてくれたブッコローちゃんにも感謝だよね」「いやいや岡﨑さん、そんな！　いいですよ。いいって、ザキさんも頑張ってるでしょ」みたいなやつ、やりたいじゃないですか。

岡﨑　そうですか。

ブッコロー　勝手にその他大勢みたいな、「いや、もちろんあんたにも感謝していますよ」みたいなのはちょっと。

岡﨑　ブッコローにも本当に感謝しておりますよ。

空飛ぶ
文房具とか！

見てみたい
文房具って
あります？

ブッコロー　いやいや、遅いです。

岡崎　え。

ブッコロー　遅いですって！

岡崎　いつも編集してくださるプロデューサーにも感謝しております。

ブッコロー　いやいや、それも遅いのよ。それにしても、文房具好きの少女からしたら「本が出る」ってたまらないことなんじゃないですか？　僕が逆の立場だったら「一つ夢が叶った」というか。街の文房具屋さんにキラキラ目を輝かせていた岡崎少女がこれを知ったら「えー!!」って驚くかも。

岡崎　ほんとですね。今でもちょっと信じられない感じです。今後どうなるか、不安ですけど。

ブッコロー　心配しかないじゃないですか。どんどん文房具愛をくっつけていったらいいんじゃないですか。

岡崎　ありがとうございます。……そうですね。

ブッコロー　出版はうれしいことですよね。初めて会ったときは、人のよさそうなおばちゃんとしか思いませんでしたけど。僕的にはチャンネルの一発目が岡崎さんでよかったです。文房具愛が強くて、良くも悪くも有隣堂の化身というか。身近だしふわふわしているし、そこまでクレバーでもないけど愛はある、みたいな。MCとしてはやりやすかったです。もっと緊張させるようなタイプだったらここまでブッコローが自由奔放になれなかったかもしれないですね。僕のほうが踏み込んでいけなくて、もうちょっとおとなしいブッコローちゃんになったかもしれないです。ブッコローがここまで忖度がないのは、岡崎さんのおかげです。ありがとうございます。

岡崎　こちらこそ感謝です。そんな感謝を一冊にまとめました。

ブッコロー　感謝が一冊になってるんですか？文房具が一冊にまとまっているんですよね？パッて開いたら「ありがとう」「ありがとう」って1ページずつ書かれていたりして。

岡崎　それは大丈夫です。

僕も
その他大勢と
一緒！？

全員に
感謝です！

▶YouTubeチャンネル紹介

有隣堂

有隣堂しか知らない世界

@Yurindo_YouTube・チャンネル登録者数 28.1万人・265 本の動画

「有隣堂しか知らない」様々な世界を、スタッフが愛をこめてお伝えするチャンネルです。 >

twitter.com/Yurindo_YouTube 、他 3 件のリンク

登録済み

2020年2月に開設し、
登録者数28.1万人（2024年5月現在）を誇る
大人気YouTubeチャンネル「有隣堂しか知らない世界」は、
有隣堂のスタッフが自社愛、商品愛、
偏愛を込めてお届けするチャンネルです。
創業114年の老舗書店とは思えないほど、
「え？ こんなことやるの？」「あんなもの紹介しちゃうの？」を連発！
有隣堂しか知らない秘蔵の情報や、脚光を浴びないけどすごいものなどを
おもしろ楽しく紹介しています。
くせつよなチャンネルではありますが、老舗書店が培ってきた独自の世界観を
一人でも多くの方に楽しんでご覧いただけるように
スタッフが全力で発信しています。

「有隣堂しか知らない世界」は
毎週火曜12時頃に更新！
第2・第4木曜日の18時30分からは
YouTubeライブも実施します！

【最強はどれだ】油性ボールペンの世界【メーカーに直電】～有隣堂...

【飾りじゃないのよ】物理の力で文字を書く！ガラスペンの世界 ～有...

限の盾開封】登録者数10万人突破
いぐるみ発売の話 ～有隣堂し...

【だが欲しい】"変な文房具"対決 ～有隣堂しか知らない世界043～

文房具
だけでなく……

【業界で話題の人が登場】プロが愛用する厳選文房具の世界 ～有隣堂...

スイーツで
盛り上がったり

【どんな味？】乾燥させたスイーツの世界 ～有隣堂しか知らない世界216～

絵本を
深堀りしたり

【オススメ⑥選】仕掛け絵本の世界 ～有隣堂しか知らない世界256～

【違いを味わう】新明解国語辞典VS三省堂国語辞典の世界 ～有隣堂しか知らない世界...

常に全力で「偏愛」を
お届けしてます！

登場人物紹介

#ブング愛
#インク好き
#ガラスペンを衝動買い
#キラキラ大好き
#アンティークも好き
#ジャケ買い女
#おじいちゃん子
#蓄光コレクション
#自作ハンコ
#天然ボケ

1986年入社の有隣堂文房具バイヤー。有隣堂が運営しているYouTubeチャンネル「有隣堂しか知らない世界」で、"文房具王になり損ねた女"として愛情たっぷりに文房具を紹介する様子が人気を得ている。自身が選定した文房具や雑貨を集めたコーナー「岡崎百貨店」をSTORY STORY YOKOHAMAで展開中。

YURINDO

岡崎弘子

Hiroko Okazaki

岡崎弘子の筆箱の中身大公開

がま口ポーチ／マリメッコ

筆箱は、鞄の大きさやその日に必要なもの、気分などによって、お気に入りのものをいくつか使い分けています。1つだけではなくて、2つ、3つ持ち歩く日も……。中身も結構頻繁に入れ替えて楽しんでいます。

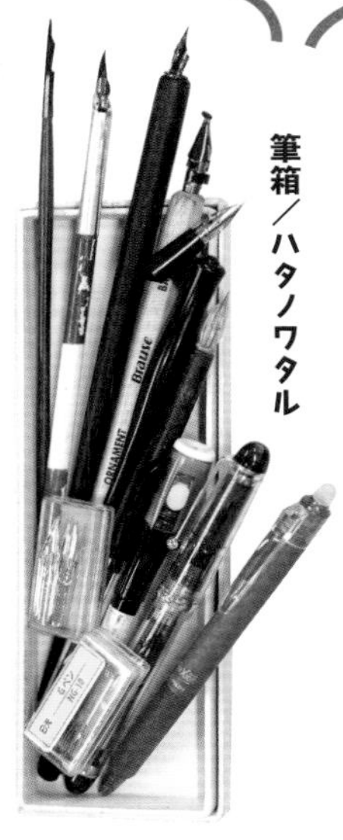

筆箱／ハタノワタル

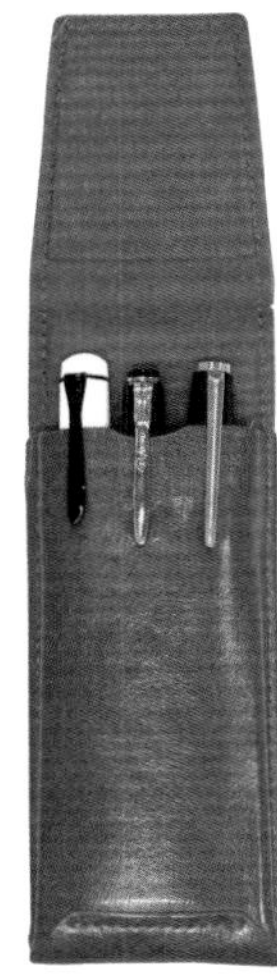

赤いペンケース／デルフォニクス

岡崎百貨店

岡崎百貨店

岡崎弘子が、文房具バイヤーとしてだけでなく「本当に好きなもの」をテーマとして、自身の趣味・嗜好を反映した商品を数多く取り揃えています。ヨーロッパの小さい蚤の市をイメージした売り場は、文房具のほか、ガラスペン、アクセサリー、お菓子、一点もののヴィンテージ雑貨など、岡崎が偏愛する約 500 点の商品を展開し、商品との偶然の出合いを作り出しています。

R.B.Bookowl

R.B.ブッコロー

#ミミズク
#素直
#競馬好き
#人間大好き
#好奇心旺盛

#闇金ウシジマくんを愛読
#沖縄放浪
#いいものも値段次第

有隣堂の公式YouTubeチャンネル「有隣堂しか知らない世界」のMC。好奇心旺盛で素直が取り柄のミミズク。数字を語呂で覚えるのが得意。名前のR.B.は「リアル・ブック」の略で、「真の本」「真の知」を意味していて、ブッコローは「Book（本）＋Owl（ミミズク）」から。

有隣堂のスタッフ。現在は7代目黒子と8代目黒子が交代制で担当している。ブッコローの操作は簡単そうに見えるが意外と熟練の技を要する。

黒子 Kuroko

有隣堂 YouTubeチーム

渡邉 郁 わたなべ いく

有隣堂 広報・マーケティング部 課長／「有隣堂しか知らない世界」の立ち上げ時から、チャンネル運営全般を担当。“有隣堂のYouTubeを裏で牛耳る女”として動画にも出演している。いちばん好きな動画は「【使える!】蓄光文具の世界 ～有隣堂しか知らない世界112～」。

阿部綾奈 あべ あやな

有隣堂 広報・マーケティング部所属／「有隣堂しか知らない世界」の運営全般を渡邉と一緒に担当。YouTubeをやりたくて2023年入社。いちばん好きな動画は「【書店員のスゴ技】超高速!バーコード手打ちの世界 ～有隣堂しか知らない世界257～」。

馬淵基季 まぶち もとき

有隣堂 広報・マーケティング部所属／「有隣堂しか知らない世界」の機材回り一式、サムネイル作成を担当。いちばん好きな動画は「【虫画像たっぷり】昆虫図鑑の世界 ～有隣堂しか知らない世界132～」。

小板橋 央 こいたばし ちか

有隣堂 広報・マーケティング部所属／「有隣堂しか知らない世界」のSNS運営とサムネイル作成も含むビジュアル回りを担当。いちばん好きな動画は「【食べます】事故物件の土で育てた野菜の世界 ～有隣堂しか知らない世界227～」。

ハヤシユタカ

「有隣堂しか知らない世界」のプロデューサー兼ディレクター。通称P（ピー）。動画の演出・編集を一手に担っている。フリーランスで有隣堂の社員ではない。好きな小説は神坂一『スレイヤーズ』、真山仁『ハゲタカ』。

Contents

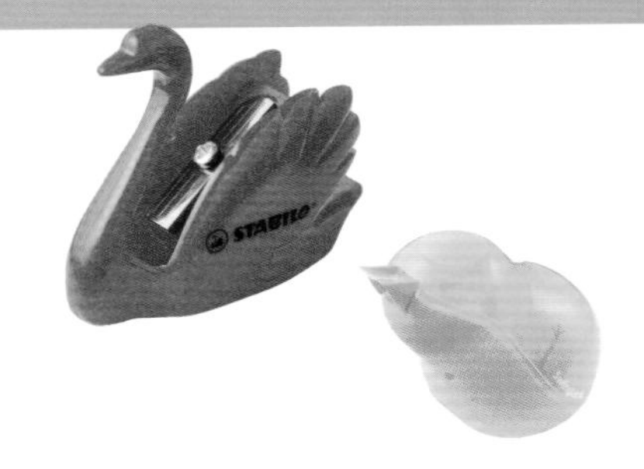

CHAPTER 1

CHAPTER 2

愛でたくなる文房具の世界 ……65

有隣堂しか知らない世界ハイライト〈文房具編〉……95

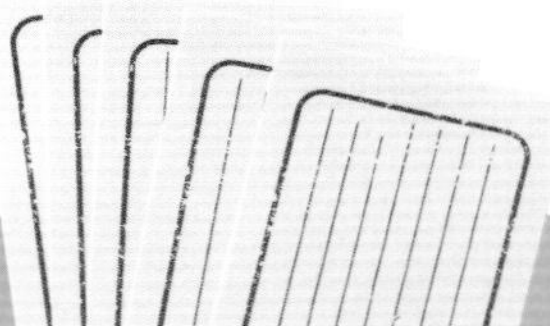

CHAPTER 3

偏愛 文房具の世界

有隣堂しか知らない世界 ハイライト〈偏愛編〉

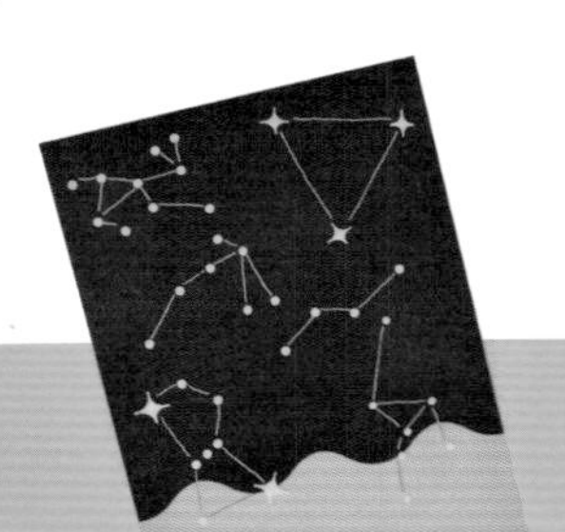

CHAPTER 1

愛すべき筆記具の世界

glass pen & ink

ガラスペン＆インク

まずご紹介するのはガラスペン、つけペンとインクの世界です。ガラスペンは割れそう！と不安になりますが、少し気をつけるだけで万年筆よりも気軽にインクを楽しめる文房具です。つけペンも、インクを保持する機構がアップしたものなど、便利になっています。初めての方こそ、どんどん触ってみてください。使ってみると、きっと「素敵！」となるはずです。

仏・小学生の指定インク。発色にうっとり

「エルバン」のこの色のインクはフランスの小学校で指定インクとして使われていました。パキッとハッキリ発色するのが特徴です。35色のカラーバリエーションがあり、ミニサイズならコレクションしやすいですね。中でもヴィオレパンセは大好きで愛用しています。

トラディショナル インクミニ ヴィオレパンセ

メ エルバン
価 825円
サ φ22×50㎜
量 10ml

きれいな紫色！ お気に入りのガラスペンやつけペンがあると、インクを集めるだけではなく、使いたくなります。

箸置きだけどペンレストにもぴったり

ねじり風の溝がガラスペンを少し斜めにホールドしてくれます。

私は棒状で安定するものであれば、ペンレストとして使っていいと思っています。このねじり棒は、手彫りで斜めに彫りが入っていて、ペンを置くと絶妙にホールドしてくれて、木材なので机にもペンにも傷がつきにくいところもお気に入りです。

ペンレスト　ねじり棒

メ naotoikarashi

直接見て、触ってほしい！このジャンルは特に感動します

ブラックライトで妖しく光る妖艶なガラスペン

ウランガラスを配合した特殊なガラスペンです。ブラックライトを当てると、全体が黄緑色の蛍光色に光ります。光るものが好きな私にとって、蛍光&ガラスペンの組み合わせはうれしい限り。時々、ブラックライトを当てて楽しんでいます。

ウランガラス ガラスペン

メ OFUNA GLASS
価 私物
サ φ11×H130mm
重 24g

有隣堂社長からブッコローへのプレゼント

YouTubeでガラスペンやインクを紹介するたびに「僕もガラスペンほしいなー。岡﨑さんプレゼントしてくれないかなー」と言っていたブッコロー。OFUNA GLASSさんがブッコローをイメージし、心を込めて作ってくれました。太軸なので手が大きい方におすすめ。

ブッコロー イメージガラスペン

メ OFUNA GLASS
価 特注・非売品
サ φ11×H130mm
重 43g

ラブコールで実現したシーグラス風の1本

桜木町の「STORY STORY YOKOHAMA」内の「岡﨑百貨店」で開催した「海のみえるガラスペンフェア」に向けて制作されたアイテムです。幼い頃に海辺で探したシーグラスをイメージして作ってほしいとオーダーし、実現した一品。すりガラスのようなフロスティング加工が施されています。

シーグラス ガラスペン

メ OFUNA GLASS
価 11550円
サ φ14×H130mm
重 24g

ガラスペンのほか、ガラスのオブジェやアクセサリーを制作している工房の作品です。ガラスの透明感を大切にしている作家さんで、光に透かすと、透明感のあるガラスに浮かぶ1本のカラーラインがより鮮やかに映えます。背面にカラーを入れることで、レンズ効果で全面に色がついて見えるのが特徴です。

一線（いっせん）

Ⓜ Seed Lampwork
価 8800円
サ φ約14×H160㎜
重 約23g

一筋のラインで
際立つ
ガラスの透明感

※背面

ガラスペンを
クルクル回すと
波がゆらゆら

ガラスペンを回すと、ブルーで描かれた2本のラインが波のように揺らめいて見えます。「一線」と同じく、初心者でも使いやすいおすすめのガラスペンです。

二波（ふたなみ）

Ⓜ Seed Lampwork
価 9900円
サ φ約14×H160㎜
重 約23g

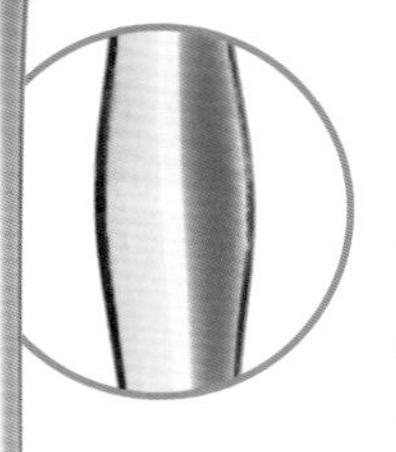

ツブツブシリーズで
イチオシ！

ガラスペン業界の立役者のひとり、まつぼっくりさんの作品です。理化学ガラス職人として修業した技術を駆使した実用性と、素材を活かした美しさを兼ね備えています。中が空洞になっているのでやや軽く、ツブツブがとてもきれいです。ツブツブシリーズにはほかの色もあります。

ツブツブイエロー
ガラスペン

Ⓜ まつぼっくり
価 8690円
サ φ12×H175㎜
重 16g

ドイツ・ラウシャ地方の工房で制作されたおしゃれなガラスペン。ドイツ語の筆記に合わせた太めのペン先が特徴です。日本にはない独特の色合いに魅せられます。手作りで個体差が大きいので、世界で1本との出合いを楽しんで。

ドイツ製ガラスペン
左：アンティーク
ドールヘッド
ガラスペン

Ⓜ ビスケット
価 22000円
サ φ17×H160㎜
重 29.5g

右：猫ガラスペン

Ⓜ ビスケット
価 16500円
サ φ16×H152㎜
重 27.3g

異国っぽい
独特の色合いが
ステキ！

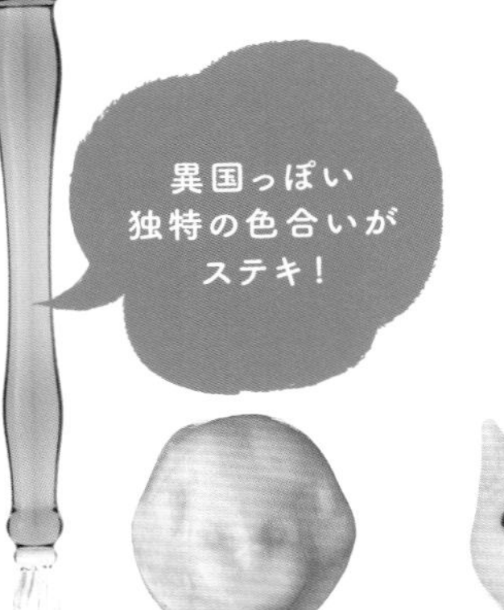

カリグラフィーの練習には下敷きが便利

文具マメ知識

ペン先が硬いガラスペンや万年筆は、やわらかい下敷きの上で書くのがおすすめ。この下敷きは特殊な生地が使われているので書きやすく、平行線と60°斜線が入っています。カリグラフィー初心者が、文字の位置取りやバランス調整をするのに最適です。

Kiwami ライティングマット下敷き レタリング A4+／共栄プラスチック

非常に細いペン先が特徴ですが、細くても安定した書き心地が得られます。繊細さと書き味を両立させる、作家さんのテクニックに脱帽です。機会があったら、試し書きしてみることをおすすめします。虹色に輝くしゃぼん玉加工にワクワクが止まりません。

しゃぼん玉

メ ガラス工房 aun
価 9900円
サ φ11×H約140～170㎜
重 約15～24g

試し書きで驚かされる絶妙な書き味！

手にスッポリ収まるサイズ感が心地いい

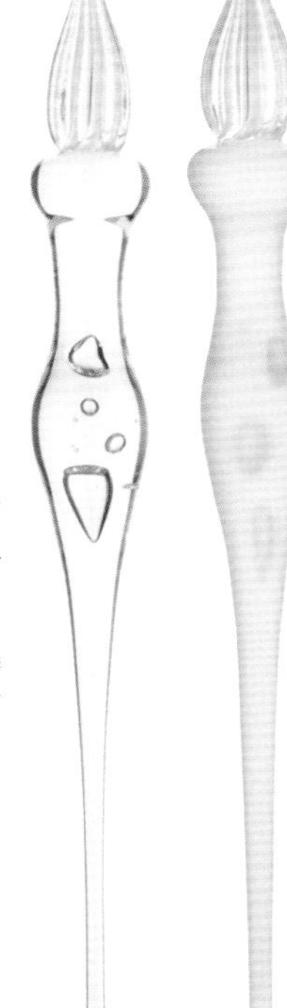

ペンの上部が細くなっているので重心が下部にあり、手にすっぽり収まる感じがします。「プリューム」はフランス語で羽毛を意味し、軽くて書きやすいのが特徴。蓄光仕様のペン先が暗所で蛍のように光ります。

ガラスペン プリューム・夏蛍（左）／夏蛍（フロスト、右）

メ MOKUReN
価 8580円（夏蛍）／9460円（夏蛍（フロスト））
サ φ約11×H約125㎜
重 30g

硬質ガラスは通常よりも高温で扱われるため、扱いが難しいと言われます。菅清流さんは祖父の跡を継いで制作活動をしている作家さん。彼が作るガラスペンは、デザインの美しさだけでなく、書き心地も抜群です。グリップ部分の凹凸がしっくり手に馴染みます。

硬質ガラスペン93 流れ＆特製インク壺

メ ガラス工房ほのお菅清流
価 18700円
サ φ約11.5×H約155㎜
色 せせらぎ（ブルー）、さくら（ピンク）、わかば（グリーン）、クリア（透明）

左右対称の波型の美しさがため息もの

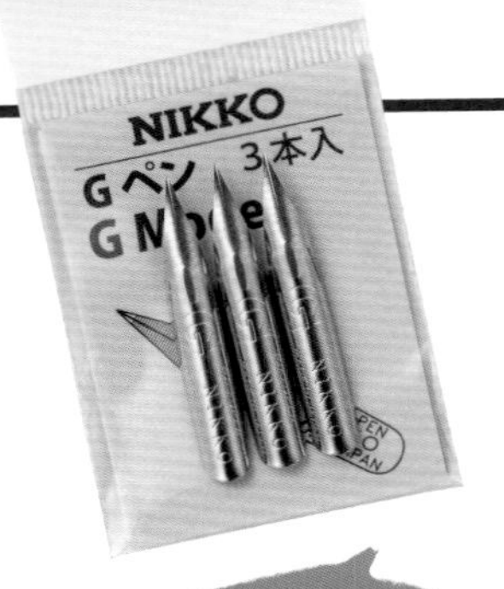

線の強弱がつけやすいことで有名で、カリグラフィーをしている方なら誰もが知っているペンと言えます。弾性があるので、太いところを描いたあとでも細い線が描け、筆圧が弱くても線の強弱を出しやすいと言われます。初心者におすすめです。

ペン先 日光Gペン
メ 日光（立川ピン製作所）
価 380円（3本入り）

定番中の定番。
持っていて
損はなし

3種類のペン先を、サイズごとに3種類の場所に取り付けて使用できます。

高価ですが、木軸（もくじく）の杢目の違いを愛する若い世代に人気です。木軸は見た目にも手にしたときにも温かみが伝わり、なんだかホッとします。木材の選定にこだわりのある工房楔（せつ）さんですが、つけペングリップの制作頻度は少ないのでレアアイテムになります。

つけペンホルダー
ピンクアイボリー
メ 工房楔
価 15400円
サ φ13×H68㎜
重 7～10g（※自然素材のため個体差あり）

木軸好きから
圧倒的支持を得る
銘木グリップ

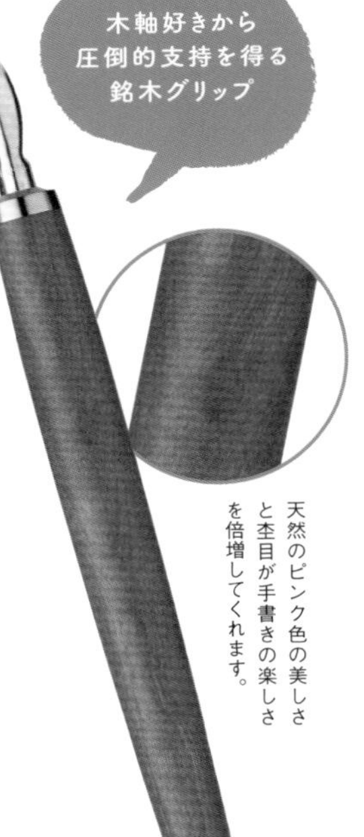

天然のピンク色の美しさと杢目が手書きの楽しさを倍増してくれます。

どんなニブ
（ペン先）を付けるか
考えるのも楽しい

世界中のカリグラファーから支持されているニブホルダーです。両サイドにいろいろなペン先を付けて使うことができます。私はオーナメントニブを使うために購入しました。六角形の軸が手に馴染みます。

カリグラフィー
ヘキサゴナルニブホルダー
メ ブラウゼ
価 1100円
サ φ10×H120㎜
重 5g

カリグラフィー
するなら
持っておきたい
1本

持ち手と離れたところにホルダーが備え付けられていることで、傾斜のある文字が書きやすくなるオブリークホルダー。温かみのある木材の感触が魅力です。タキクラフトさんは、日本では貴重なオブリークホルダー作家です。

オブリーク
カリグラフィーペン
メ タキクラフト
価 5500円～
サ φ11（グリップ）～12.5（最大）×H160㎜
重 10g前後（木材により変動）

iro-utsushi〈いろうつし〉木軸

Ⓜ パイロット
価 1980円
サ φ12.2×H156㎜
重 7.4g（木軸）
軸 ブラック、モクメ

万年筆タイプのつけペンです。万年筆メーカーが作るペン先なので耐久性に優れ、なめらかで書きやすいのが特徴です。ペン先にはインクに浸す際のガイドラインが刻まれていて、初心者でも使いやすいように工夫されています。低価格なので手に取りやすいです。

お手頃価格で取り扱いやすいつけペンの優等生

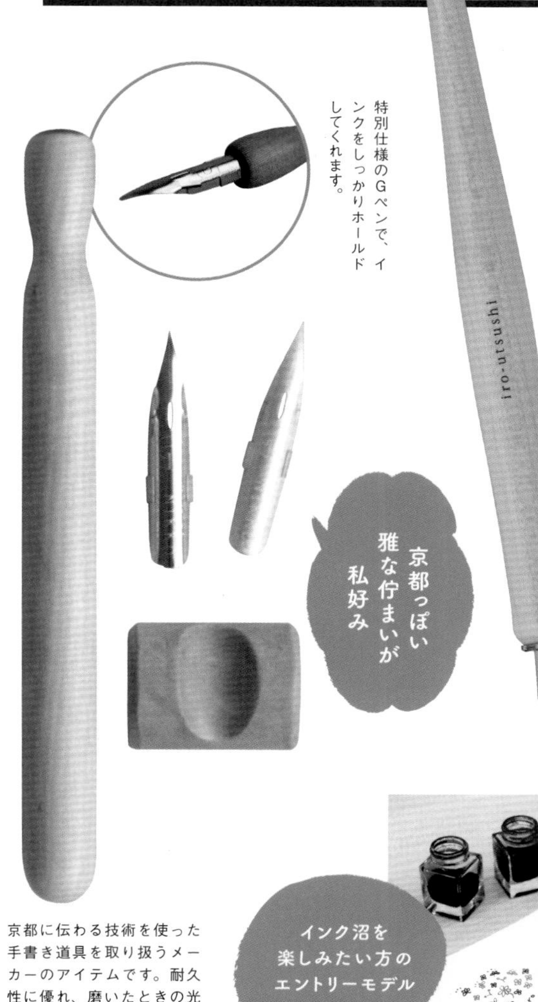

特別仕様のGペンで、インクをしっかりホールドしてくれます。

京都に伝わる技術を使った手書き道具を取り扱うメーカーのアイテムです。耐久性に優れ、磨いたときの光沢が美しい椿の天然木が使われており、凛とした上質な質感が大好きです。有名なタチカワGペンと日光Gペンのペン先、およびペン置きがセットされています。

インクを楽しむ つけペンセット 椿

Ⓜ TAG STATIONERY
価 4950円
サ φ10×H115㎜（木軸）、W25×D17×H14㎜（ペン置き）
重 7g

インク沼を楽しみたい方のエントリーモデル

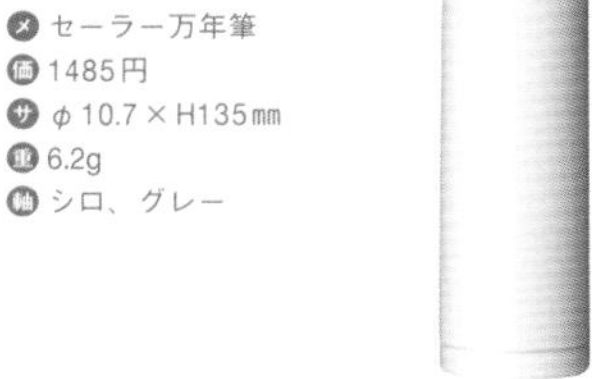

ガラスペンは高級だし、割れるのが怖い。そんな方におすすめのつけペン。お手頃価格で手軽にインク遊びが楽しめます。ペン先をひっくり返して収納できるのでペンケースが汚れる心配がなく、どこへでも気軽に持ち運べるのがポイントです。

万年筆ペン先のつけペン hocoro 1.0㎜

Ⓜ セーラー万年筆
価 1485円
サ φ10.7×H135㎜
重 6.2g
軸 シロ、グレー

コンセプト
カラーインクの
パイオニア的存在

「色彩雫（いろしずく）」は、他のメーカーに先駆けて2007年から発売されているカラーインクシリーズです。日本的な情景をコンセプトにしており、和風なネーミングも素敵です。ミニサイズになった24色のなかから好きな3色がセレクトできます。

万年筆用インキ 色彩雫mini
（躑躅（つつじ）、月夜、冬将軍）
メ パイロット
価 2310円（3色セット）
サ W28×D28×H67㎜
量 各15ml

岡崎百貨店でも販売している「テテリア」のアッサムティーの色をイメージしたインクです。試作段階では納得できず、紅茶を注いだときのゴールデンリングをイメージして、少し黄味がかった色にしてもらったのがこだわりです。

岡崎百貨店
オリジナルインク
「ASSAM RED
（アッサムレッド）」
メ 岡崎百貨店×
TAG STATIONERY
価 2420円
サ W49×D39×H62㎜
量 40ml

女子博で人気
「美」と「愛」を
象徴する
ローズインク

有隣堂の本社がある横浜市の市花はバラ。横浜イングリッシュガーデンの協力のもと、いちばん素敵なバラをイメージして作った、有隣堂のオリジナルカラーです。文具女子博でも大人気商品でした。

有隣堂 限定インク
YOKOHAMA Rose Gray
メ セーラー万年筆
価 1650円
サ W33×D30×H51㎜
量 20ml

試行錯誤の末
生まれた
自慢のインク

文具マメ知識

ガラスペンを割れにくくするコツ

ペン先にインクをつけるときに瓶の枠や底にぶつけて割れてしまうことがあります。それを避けるために、別の容器にインクを移して使うことをおすすめします。ペン先を無理して全部つけなくても、ペン先をある程度つけるだけで自然にインクは吸い上がりますので、試してみて。

おもしろみだけでなく実用性に優れた一品

三角フラスコのフォルムに目を奪われるおもしろ文房具かと思いきや、インクを少量ずつ取り分けて使える実用的な容器です。受け皿にインクがたまるので、ペン先だけにインクをつけられます。三角フラスコはプロユースの理化学製品。

インクポット BOUQUET
メ ハリオサイエンス
価 5500円
サ W38×D38×H85㎜
重 37g

水たまりのような形状のガラス容器の中心部に、インクを入れるための小さなくぼみがあります。特別な道具を使うことは、書くことに向き合う心を整えることにもつながります。ペーパーウェイトとしても役立つフォルムです。

INK PUDDLE SPILT
メ TAG STATIONERY
価 6930円
サ W60×H20㎜（大）、W40×H20㎜（小）
重 50g（大）、25g（小）

ロマンチックな水たまりにテンションアップ

プレゼントにもぴったりのおしゃれなフォルム

高級感のあるインクボトルからのぞく絶妙なインクカラー。机の上に置くだけでとてもおしゃれです。高価でなかなか手が出ませんが、ブッコローとPからプレゼントしてもらいました。発色もきれいで、とても気に入っている宝物です。

ボトルインク ターコイズ
メ ファーバーカステル
価 4950円
サ W86×D45×H75㎜
量 75ml

紙屋の
こだわり
ペーパーブロック

視認できるけれど、手書きの邪魔にはならない絶妙な濃さの5㎜の方眼罫が用途を広げてくれます。

ダンデレードCoCという富国紙業が独自開発した紙を使用しています。どんな筆記具を使っても裏抜けがなく、さまざまなシーンで使えます。好きな枚数をまとめて切り離して持ち運ぶことができるので、ノートのような使い方も◎。

有隣堂オリジナル
PALLET PAPER
（ダンデレードCoC）

メ 富国紙業
価 1760円
サ W190×H190㎜
重 580g
内 200枚

さすが製本のプロ
製本技術が
素晴らしい

1938年の創業以来、紙と向き合ってきたメーカーの底力を感じます。綴じ部分にはマイクロミシン加工が施され、切り離しが快適。段ボール古紙を原料とするしっかりした台紙が、安定感のある書き心地をサポートします。

Drawing Pad A5（ホワイト）

メ ITO BINDERY
価 1320円
サ W210×H168㎜
重 350g
内 70枚

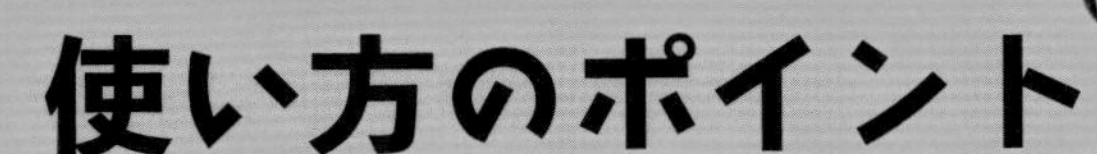

使い方のポイント

1

ペンごとの持ち方の角度に気をつけましょう

ガラスペンやつけペンは、ボールペンと違ってインクの出やすい角度があります。ボールペンと比べると少し寝かせて書くのがおすすめですが、持ち方のクセもあると思うので、自分の書きやすい角度を探してみてください。

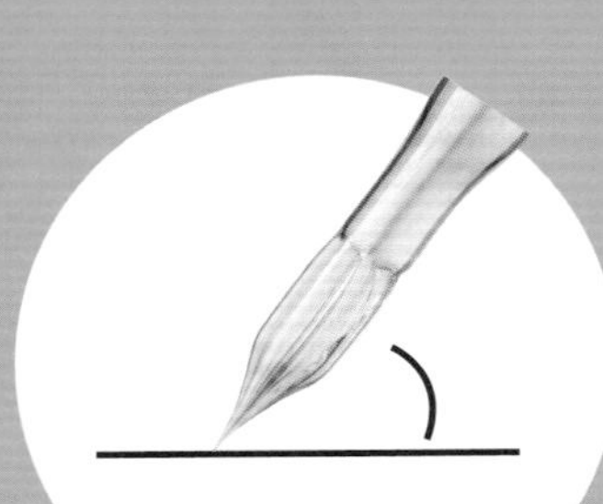

2

買ったあと、どうしても書きづらいときは？

インクとガラスペンの相性もありますので、ほかのインクを試してみてもダメな場合は、あきらめず購入元か作家さんに問い合わせして、相談してみてください。

3

ガラスペンやつけペンにはツルツルした紙がおすすめ

インクのにじみ具合は好みですが、繊維が毛羽立ちやすい紙に書くとペン先が引っかかって書きづらくなります。ダンデレードやバンクペーパーなどがおすすめです。

ballpointpen & pencil case

ボールペン&ペンケース

マットで鮮やかな発色のインクがポイント。カラーペーパーや写真、マスキングテープにもしっかり書けて、デコレーションが楽しめます。ボール径も1.0㎜と太めで、細かな塗り絵にもおすすめです。

マットホップ
メ ぺんてる
価 220円（1本）／1540円（7色セット）／3080円（14色セット）
サ W14×D9.8×H151㎜（1本）／W72×D18×H172㎜（7色セット）／W72×D30×H172㎜（14色セット）
重 9g（1本）／85g（7色セット）／150g（14色セット）

高発色で絵の具のように濃く書ける

手帳やノートが、パッと明るくなって気分が上がります。

私（岡崎）もブッコローを描いてみました！

私は色がきれいで、キラキラした線のボールペンが好きです

ボールペンは黒く、しっかり書ければいいという価値観から、カラフルさを活かした楽しい筆記へと広がりをみせています。きれいなインクの筆記線なら、手帳やノートに一日にあったことを明るく気分が上がるページとして残せます。また、定番の黒インクも、黒の中での色の種類が増えたり、油性ボールペンが改善されていて軽く書けたり、ダマができにくかったり、より黒くなったりと進化が盛りだくさんです。

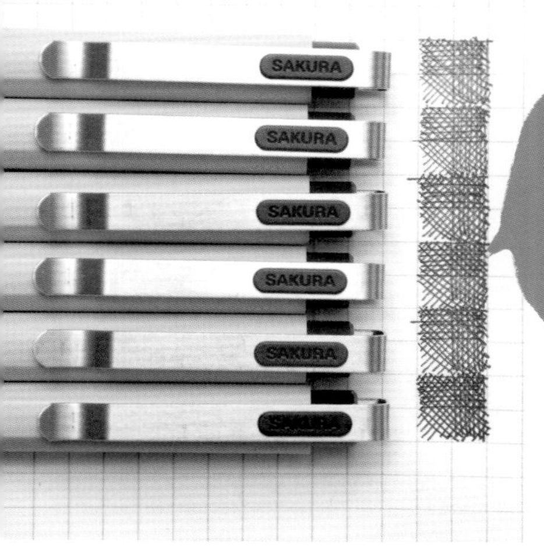

ニュアンスが違う6色のブラックから好みの色をセレクトするという贅沢な悩み。大人の遊びを象徴するようなスタイリッシュなデザインも推しポイントです。私はカシスブラックとナイトブラックがお気に入り。

ボールサインiD 0.4
メ サクラクレパス
価 220円
サ φ11×H145㎜
重 10g
軸 ライトグレー
色 ミステリアスブラック。カシスブラック、フォレストブラック、モカブラック、ナイトブラック、ピュアブラック

**ハイブリッド
デュアルメタリック**
メ ぺんてる
価 220円（1本）／1100円（5色セット）／2200円(10色セット）
サ W14×D9.8×H151㎜（1本）／W50×D16×H153㎜（5色セット）／W100×D16×H53㎜（10色セット）
重 9g（1本）／51.9g（5色セット）／107.1g（10色セット）
種 全10色
※店頭によっては完売している場合があります。

異なる色の染料とラメ顔料を配合することで、角度や使う紙によって違う色に見える不思議なペンです。黒などの濃い色の紙との相性も抜群。テラテラした輝きがアクセントになり、手帳デコやメッセージカードが一気に華やかになります。

筆圧やペンの寝かせ方で描線の太さが変わります。インク量を調節する内部機構により、万年筆のように強弱のある文字が書けるようになりました。ペン先が樹脂素材なので、使用しているうちに一人ひとりの書きぐせに馴染み、ほかにはない書き味を満喫できます。

ユニボール エア
メ 三菱鉛筆
価 220円
サ φ11.9×H140.1㎜
重 11g

私は黒の濃さにはかなりのこだわりを持っています。こちらの黒は、ほかと比べると群を抜いて濃く鮮やかで、まさに「黒寄りの黒」。濃い黒は記憶にも残りやすく、暗記に向いているそう。ノック音の軽減や大容量インキなど、新機能の追加もうれしいポイントです。

**フリクションボール
ノックゾーン 05**
メ パイロット
価 3300円（マーブル軸）／2200円（木軸）／550円（樹脂軸）
サ φ11.4×H150㎜（マーブル軸、木軸）／φ11.1×H150㎜（樹脂軸）
重 22g（マーブル軸、木軸）／45.5g（樹脂軸）
軸 各3色
※写真は木軸

ターコイズブルーの画期的な美しさに驚かされました。クリアなボディからきれいな色がのぞいていてテンションが上がります。エナージェルインクはかすれがなくて終始安定した筆記ができ、速乾性があるので、書いている途中に汚れるストレスがありません。

**エナージェルインフリー
ターコイズブルー**
メ ぺんてる
価 253円
サ W16×D11×H147㎜
重 13g

文具マメ知識

意外とある!? ボールペンが書けなくなる理由

ペン先を上向きにして書くと、空気が入ってインクが出なくなってしまうことがあります。そんなつもりがなくても、壁のカレンダーに書くときなど、ペンが上向きになってしまうのです。壁に向かって書くときは、フェルトペンや加圧式ボールペンを使うのがおすすめです。

真っ赤なワイヤークリップのデザインが秀逸

ジェットストリームが大好きな私の中でもこのシリーズはボディデザインがおしゃれで特に気に入っています。赤いクリップがひときわ素敵です。クリップのしなりがいいので分厚いノートに付けられ、実用性も優れているんですよ。筆記面が見やすいペン先のポイントチップが特徴です。

ジェットストリーム エッジ

- ㋱ 三菱鉛筆
- 価 1100円
- ㋚ φ10.8×H143㎜
- 重 13.5g
- 軸 ブラックレッド

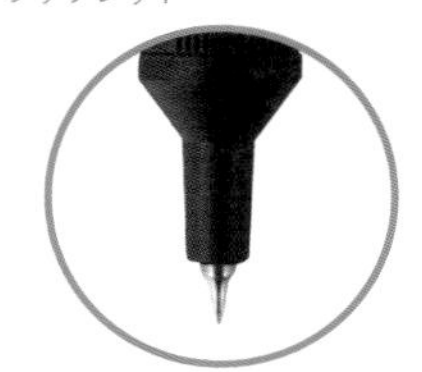

コロンとしたフォルムが何よりかわいい

起き上がりこぼしの仕組みにより、いつでも斜め45°でスタンバイしてくれる修正テープです。無造作に置いても、手に取りやすい角度で待機してくれるので、さっと手に取って使えます。丸いフォルムが手に優しくフィット。デスク上が華やかになる癒やしの存在です。

スイングバード 修正テープ

- ㋱ ミドリ
- 価 968円
- ㋚ W39×D39×H65㎜
- 重 50g
- 色 黄色

かっこいいロルバーンは修正も抜かりなく

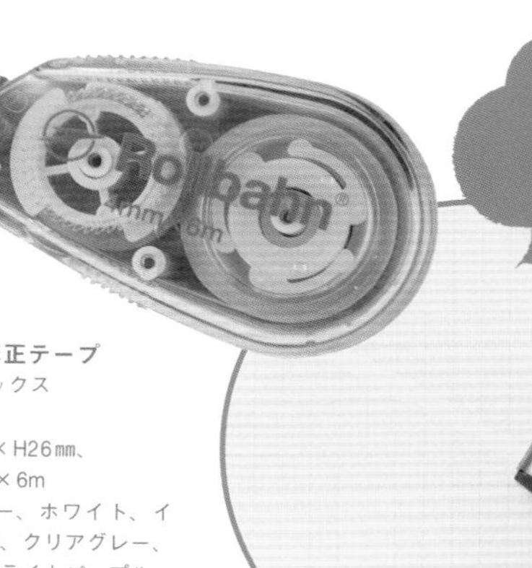

ロルバーン愛好者が歓喜した、ロルバーンシリーズの紙色に合わせた色味の修正テープ。私もロルバーンはよく使うので、修正テープの訂正箇所が目立たなくなるのは、とてもありがたいです。罫線が隠れないテープ幅もうれしいですね。

ロルバーン 修正テープ

- ㋱ デルフォニックス
- 価 407円
- ㋚ W58×D15×H26㎜、テープ／4㎜幅×6m
- 色 ダークブルー、ホワイト、イエロー、レッド、クリアグレー、ライトピンク、ライトパープル、スカイブルー、クリア

ballpointpen & pencil case

真鍮製とアルミ製があり、形も2種類あります。1本置きは珍しい形。薄さといい、花火のような鎚目模様といい、とても素敵な作品です。ガラスペンを置いておくのに重宝しています。

鎚目模様が美しい愛用のペントレー

ペントレー
メ Chigiradio
価 1320円（アルミニウム）／1650円（真鍮）
サ 約W180×D24×H3㎜
重 約17g（アルミニウム）／約28g（真鍮）

眼鏡ケースが筆箱にも使えるって知ってた？

本当は眼鏡ケースですが、好みの筆箱がなかったときに使っていたアイテム。霜が降りたような風合いのものに惹かれてしまう性分なので、「氷の中に閉じ込められた眼鏡」をモチーフにした「ICED」に、心をつかまれてしまいました。

ICED
メ 100パーセント
価 2750円
サ W168×D68×H35㎜
重 122g（Clear）、124g（Aged）
種 Clear、Aged

京都で紙すきの修業をし、和紙を使った作品を制作しているハタノワタルさんの作品です。水に強い和紙でできていて、大人が使いやすいサイズ感です。使えば使うほど風合いが出るので、長年愛用して育てていけます。

温かみのある外観と優しい手触り。経年変化も楽しめる

ハタノワタル 筆箱
メ ハタノワタル
価 3520円
サ W210×D65×H20㎜
重 69g
色 ホワイト、グレー、イエロー、ブルー

自分で完成させれば自然と愛着が湧いてきます

形まで作ってあるペントレーで、仕上げがしてありません。トレーと一緒に仕上げのためのサンドペーパーが3種類入っており、粗いほうから順番に磨き、最後にメンテナンスオイルを塗って仕上げ。自分で磨くと愛着が湧き、上に載せるペンをよりしっかり支えてくれる気がします。

自分で磨くペントレー2本用
メ 工房楔
価 2200円
※イベント時のみ販売
サ W64×D150×H20㎜
重 196g
種 黒檀

6年前に出合ったときから、ジャコウネコのワンポイントデザインと質の良い革が忘れられなくて、やっと岡崎百貨店で扱うことができるようになりました。一つずつ丁寧に作られていて、使えば使うほどいい味になってきます。愛着を持って長く使い続けられるアイテムです。

JS201（pencil case）
メ JACOU
価 19800円
サ W210×D43×H55㎜
重 71g
色 ブラウン、ダークブラウン、ブラック

忘れられない手にしたときの高揚感

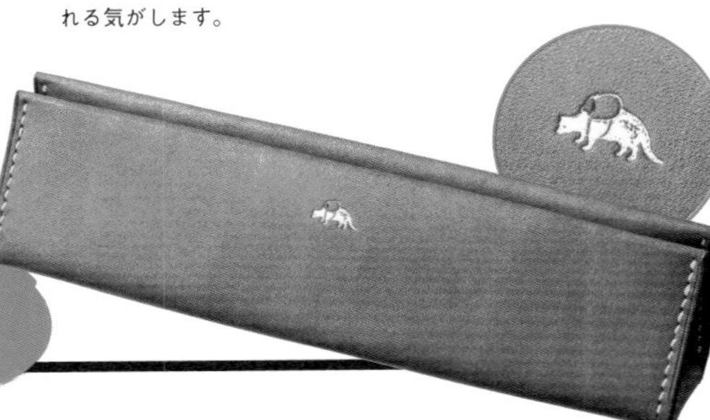

文房具を楽しむために役立つ

使い方のポイント

1

ボールペンは使う時間の長さで選ぶのも大切

勉強など長時間使う場合、持ちやすさと重さをチェックしてみてください。書き疲れのせいで机に向かう気持ちが減るのはもったいないです。

2

修正テープは小さいものをたくさん持つ

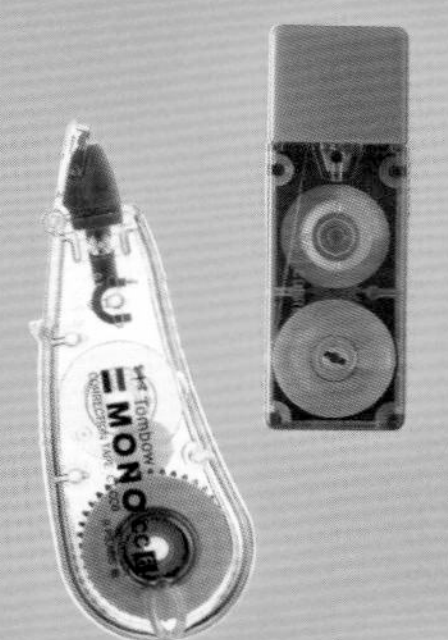

使いたいときにないのが修正テープ。小さいタイプを、机の引き出し、筆箱、カバンのポケットなどに分散して持っていると、いざというときに対応できます。また、色は机の上で目立つものがおすすめです。

3

筆箱はペンが入ればお気に入りの入れ物でOK

文房具は持っていて気持ちがワクワクすることがとっても大事。筆箱は、ペンさえ入れば気に入ったデザインの箱でいいんです。

mechanical pencil & pencil & eraser

シャープペン&鉛筆&消しゴム

シャープペンジャンルの革命的な1本

書くたびに、芯が9度回って、芯が均一に摩耗することで、トガり続ける機能は、中高生世代に「トガり続ける」ブームを起こすほどのインパクトでした。快適に使い続けられる、最高のシャープペンの一つだと思います。

クルトガ スタンダードモデル
メ 三菱鉛筆
価 495円
サ φ10.7×H142.5㎜
重 9.8g

芯を紙に押しつけて離すと、中ギアが上下。斜めの歯が芯を少しずつ回転させます。

今いちばん変化と進化が多いジャンルかもしれません

中学生から使い始めることが多いシャープペン。今では社会人になっても使う人が多いので、かなり長い間付き合うようになってきました。それもあって、より快適に、疲れず、楽しく筆記するための機能の進化が止まりません。一生使いたくなる木軸シャープペンなど、自分にとってこれは！という運命の1本を見つけてください。

ずしりと重い
メタリックボディが
かっこいい

ノックでペン先を出し、クリップを開くとペン先が収納される仕組みです。製図用シャープペンシルは長いガイドパイプが折れてしまうこともあるので、収納できるのは便利。ふんだんに金属が使われているので耐久性に優れていて、コスパもいいと思います。

グラフギア1000
メ ぺんてる
価 1320円
サ φ10×H150mm
重 20g
軸 シルバー

かっこよさと
実用性を兼ね備えた
製図用シャープペン

もともとは仕事や勉強で製図をする方に重宝されましたが、その実用性から学生にもファンが多いシャープペンです。ロングスリーブで手元が見やすく、グリップ部には滑り止め加工が施されています。細身のマットブラックボディが素敵です。

製図用シャープペン（925 15-05）
メ ステッドラー
価 550円
サ φ12×H140.5mm
重 9.2g
軸 ブラック

コスパ最高！
元祖折れない
シャープペン

本来は速記用に開発されたシャープペンで、強い筆圧でも2B芯が折れないのが特徴です。1978年発売以来のロングセラー商品。0.9mmの太い芯径で、専用ロング芯は通常よりも4cm長くなっています。シンプルで軽いのでシーンを選ばず使えます。

プレスマン
メ プラチナ万年筆
価 330円
サ φ9×H148mm
重 8.2g
軸 ブラック、ホワイト

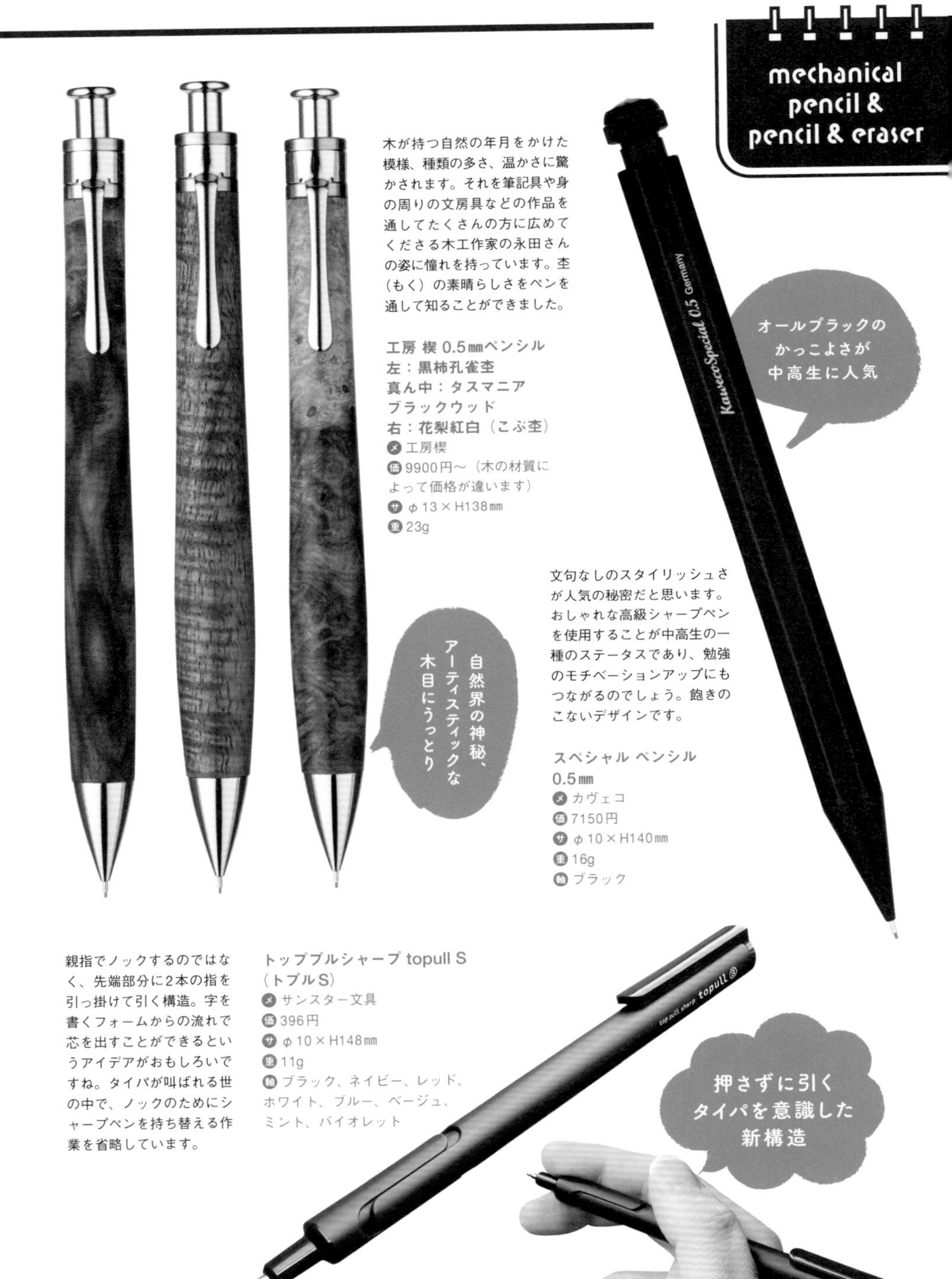

木が持つ自然の年月をかけた模様、種類の多さ、温かさに驚かされます。それを筆記具や身の周りの文房具などの作品を通してたくさんの方に広めてくださる木工作家の永田さんの姿に憧れを持っています。杢（もく）の素晴らしさをペンを通して知ることができました。

工房 楔 0.5㎜ペンシル
左：黒柿孔雀杢
真ん中：タスマニアブラックウッド
右：花梨紅白（こぶ杢）
メ 工房楔
価 9900円～（木の材質によって価格が違います）
サ φ13×H138㎜
重 23g

文句なしのスタイリッシュさが人気の秘密だと思います。おしゃれな高級シャープペンを使用することが中高生の一種のステータスであり、勉強のモチベーションアップにもつながるのでしょう。飽きのこないデザインです。

スペシャル ペンシル 0.5㎜
メ カヴェコ
価 7150円
サ φ10×H140㎜
重 16g
軸 ブラック

親指でノックするのではなく、先端部分に2本の指を引っ掛けて引く構造。字を書くフォームからの流れで芯を出すことができるというアイデアがおもしろいですね。タイパが叫ばれる世の中で、ノックのためにシャープペンを持ち替える作業を省略しています。

トッププルシャープ topull S（トプルS）
メ サンスター文具
価 396円
サ φ10×H148㎜
重 11g
軸 ブラック、ネイビー、レッド、ホワイト、ブルー、ベージュ、ミント、バイオレット

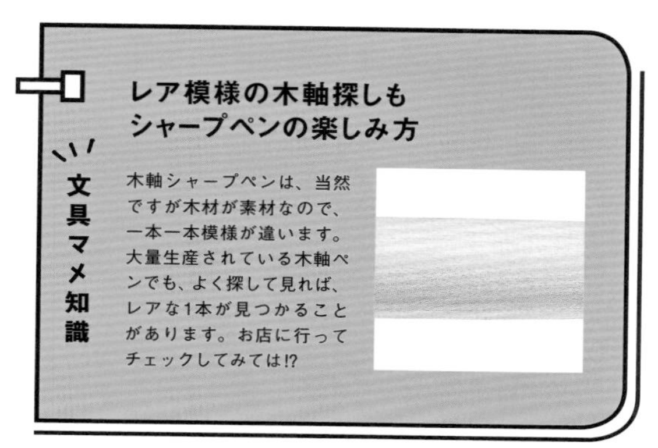

文具マメ知識

レア模様の木軸探しも シャープペンの楽しみ方

木軸シャープペンは、当然ですが木材が素材なので、一本一本模様が違います。大量生産されている木軸ペンでも、よく探して見れば、レアな1本が見つかることがあります。お店に行ってチェックしてみては!?

シャープペンは結局これに戻ってしまう

疲れにくさを武器にするドクターグリップですが、グリップ部分の外側を内側よりも硬いシリコンラバーにした二重構造にすることで、適度なやわらかさと安定感のある握りを実現したシリーズです。いろいろ使っても、結局戻ってきてしまうシャープペンです。

ドクターグリップ Gスペック（ソフトグリップ）
メ パイロット
価 660円
サ φ14.2×H142㎜（0.5㎜）
重 19.7g
軸 ブラック、ソフトブルー

滑り止めと疲れにくさが大事

シャープペンを選ぶときにチェックするのは、滑り止めと疲れにくさ。四角い突起のラバーグリップが滑り止めになり、長時間でも疲れないのがいいです。グリップとペン先が一体化したデザインや、低重心の構造も安定した筆記を支えています。

スマッシュ
メ ぺんてる
価 1100円
サ φ11×H139㎜
重 13g（0.3g）／12g（0.5）
軸 ブラック、レッド、ダークグレー

1分1秒でも無駄にしたくない大事な試験に

わずか約1往復で、マークシートの細い○が素早くきれいに塗りつぶせる1.3㎜の極太芯のシャープペンです。ラバーグリップでしっかり握れ、入試や資格試験の強い味方になります。

マークシートシャープペンシル
メ ぺんてる
価 396円
サ φ12×H140㎜
重 9g
軸 ネイビー

文字の練習にぴったりの
書きやすさ抜群の
鉛筆

軸が3角形で持ちやすく、黒鉛が6Bでやわらかいため、トメ、ハネ、ハライが再現しやすく、なめらかな書き心地もあって、文字がきれいに書ける鉛筆です。

硬筆書写用鉛筆
三角 6B

㋹ 三菱鉛筆
㊎1452円（6本箱入り）
㋚ W47 × D17 × H198㎜（箱）
㊟ 90g

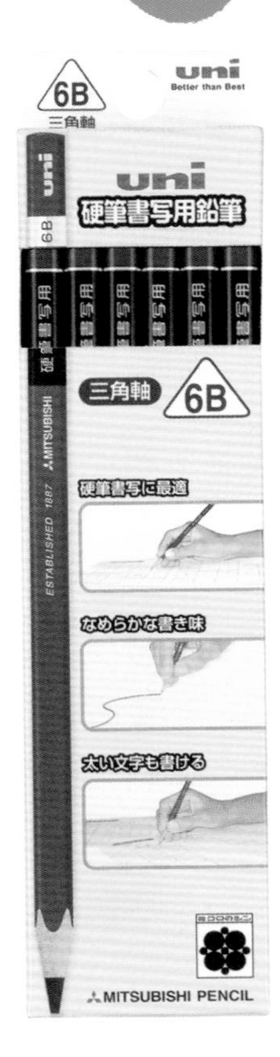

ウォルト・
ディズニーに
愛された鉛筆

ウォルト・ディズニーなど著名人に愛用されたことで知られる鉛筆です。すらすらした書き心地が創作活動を後押しするのでしょう。「フェルール」と呼ばれる金属製の部品に平たい形の消しゴムが付いていて、デザインもカラーもとびきりおしゃれです。

ブラックウィング

㋹ ブラックウィング
㊎352円
㋚ φ43 × 209㎜
㊟ 123g

箱を開くと、美しい色がたくさん。とってもワクワクしますよね。

創作意欲を
刺激する
自然にまつわる色名

10色入りの色鉛筆を辞典のようなボックスに収めてしまうことができます。「カワセミ色」「たんぽぽ」など動植物にちなんだ色名が付けられており、描きたいものの想像がどんどん膨らみます。プレゼントにもぴったりです。

色辞典

- メ トンボ鉛筆
- 価 3960円（10色×3セット）
- サ φ8×H176mm（1本）、W55×D95×H198mm（10色×3セット）
- 重 6g（1本）、360g（10色×3セット）
- 種 第1～3集

ドイツの筆記具メーカー・スタビロのシンボルである白鳥型の鉛筆削りです。一気に周囲を明るくしてくれそうな、真っ赤なスワンは机や棚のワンポイントにも◎。鉛筆削り部分は取り外してきれいに掃除できます。

スワンシャープナー

- メ スタビロ
- 価 363円
- サ W45×D30×H45mm
- 重 13g
- 色 レッド

職場や部屋の
一角を
明るくするスワン

視界良好！
シャープな
削り出し

少し湾曲した刃により、鉛筆の先が鋭利に長く、くびれた形に削れます。細かい文字を書くときにも視界がいいのが特徴です。スルスル削れて、削り面も書き心地もなめらか。高級感のある外観は、気の利いた大人のプレゼントに最適です。

ブラックウィング ワンステップ シャープナー

- メ ブラックウィング
- 価 3740円
- サ W67×D29×H29mm
- 重 71g

全自動で鉛筆が
削り上がる

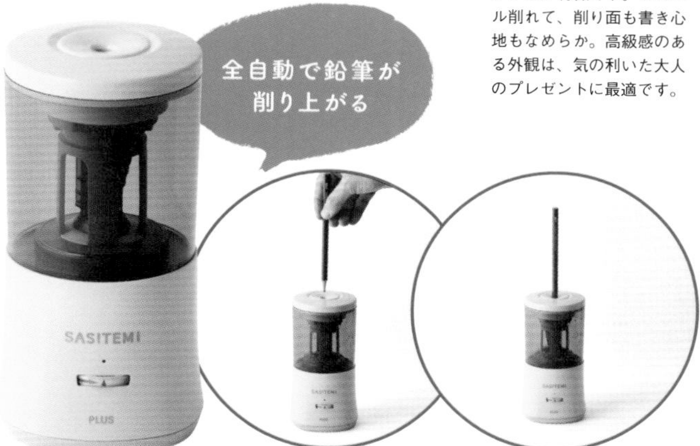

本当に差し込むだけなので、この鉛筆削りなら削るのが簡単で、とても楽しい時間に変わります。見た目もかき氷器みたいでかわいいのですが、USB充電式なので、家の中で移動して使えるのも便利です。

サシテミ

- メ プラス
- 価 6270円
- サ W91×D行91×H178mm
- 重 約420g
- 色 ブルー、ピンク、アイボリー

サイズ感が◎
発売当初からの
愛用品

消し心地が好きで、発売当初から愛用していました。消しクズがまとまりやすく、指でつまんで捨てられます。大きすぎず小さすぎずという、サイズ感がちょうどいいんです。

モノ ノンダスト
メ トンボ鉛筆
価 132円
サ W26×D12×H40㎜
重 16g

カッターのように繰り出して使います。ロック機能がついているので中の消しゴムがブレず、とてもよく消えるのでノーストレス。しっかりしたプラスチックケースと、やわらかくしなる消しゴムの相性が抜群です。

PVCフリーホルダー字消し ステッドラーカラー
メ ステッドラー
価 330円
サ W88×D25×H20㎜
重 28.5g
色 ブルー

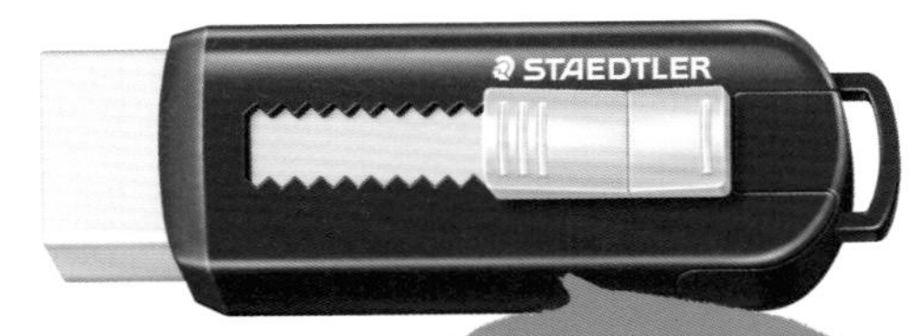

It's パーフェクト！
消しゴムは
これ一択

気が遠くなる。
でも、
夢のあるアイテム

かわいいネコやシバ犬の形にするには、どれくらいの時間がかかるのでしょう……。気が遠くなりますが、消しゴムを最後まで楽しく使い切れるというアイデアがとても好きです。毎年、サンスター文具さんが開催している「文房具アイデアコンテスト」の優秀賞受賞作品です。

右：ネコゴム ハチワレ
左：シバゴム
メ サンスター文具
価 330円
サ W21×D42×H21㎜
重 26g

消しゴムが削れて角が丸くなってくると、どんどん果実っぽい見た目になります。ケースの上部をカーブさせているから消しゴム本体が折れにくく、存分に形作りが楽しめます。好きな果物だとよりテンションが上がりますね。

エアイン フルーツ消しゴム
メ プラス
価 242円
サ W25×D14×H45㎜
重 13g
種 オレンジ、キウイ、バナナ、スイカ

消すのが
楽しくなる
フルーツ模様

使い方のポイント

1 シャープペン選びは世界観選び

機能性、デザイン、素材など、選択肢が増え、どう選べばいいのか難しくなってきました。おすすめは、持っていると気分が上がる自分の好きな世界観に近いものを選ぶこと。シャープペンの世界観から、筆箱、机と広げていくのも楽しいのではないでしょうか。

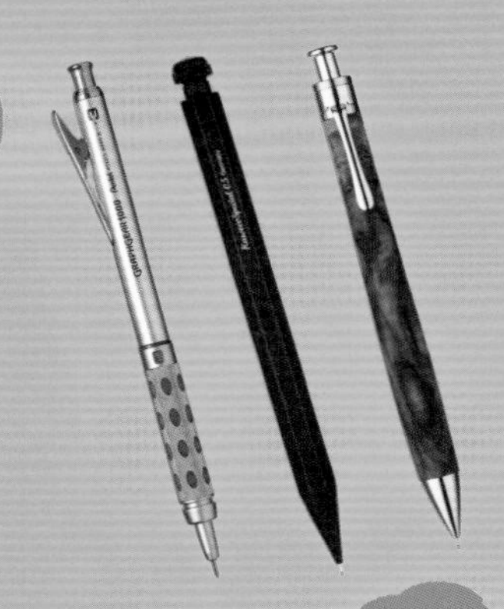

2 大人こそ鉛筆を使ってほしい

鉛筆は子どものものというイメージがありますが、大人こそ鉛筆がおすすめです。製図用やイラストの創造性が高まるものも多いですし、ストーリーやコンセプトが深い大人向けの鉛筆も、試してみてほしいです。

3 消しゴムは最後まで使えるものを選ぶ

ちゃんと消えるか、消しカスはまとまるか、などがよくある選び方ですが、最後まで使うことをイメージするのも大切です。手に収まり使いやすいのか、そして、弾性、折れにくさも確認してみましょう。

万年筆

fountain pen

キャップを外す
ひと手間を省略した
画期的万年筆

ボールペンのようにノックするだけで書き始めることができる万年筆。キャップレスにすることで手間が省けるだけでなく、キャップをなくす心配もありません。気密性の高いシャッター機構でペン先の乾きを防いでいるので、かすれのないスムーズな書き心地です。

キャップレス 赤
メ パイロット
価 11000円（FCN-1MR）
サ 最大径13.4×H140㎜（FCN-1MR）
重 30g

大好きなインクとも
相性はピッタリ。
どのインクを入れようかな？

私は万年筆コレクターではないのですが、万年筆は、ほかの筆記具とは違う、万年筆で書いた独特の風合いがあり、手紙など手書きで気持ちを伝えるときの道具としても最適です。近年では、それが低価格で手にできるようになり、誰もが楽しめるようになりました。まずは1本、ぜひ踏み出してみてください。

半透明でふわっとしたカラーが魅力です。すべての色をコレクションしたくなるほどきれいな色味にうっとりします。太くて短めのボディが持ち運びやすく、万年筆がより身近な存在に。かわいいネーミングは、思わず誰かに教えたくなりますね。

カヴェコ
フロステッドスポーツ

メ カヴェコ
価 4400円
サ φ13×H105㎜
重 11g
軸 ナチュラルココナッツ、ブラッシュピタヤ、ソフトマンダリン、スウィートバナナ、ファインライム、ライトブルーベリー

売り場で万年筆をおすすめするときに、試筆で使ってみてくださいとおすすめしていたのがこの1本。高級な筆記具に引けを取らない書き味で、気に入ってもらうことが多かったです。持ち方の練習にもなるので、初めての万年筆にピッタリです。

ペリカーノ・ジュニア

メ ペリカン
価 1870円
サ H130㎜
重 18g
色 ブルー、レッド、ターコイズ、ピンク

ラミーのサファリは特徴的なワイヤークリップで有名ですが、スケルトンがあるのは意外と知られていないのでは？ クリップの色がシルバーで、シンプルなところがおすすめです。大型のワイヤークリップは、厚手の洋服のポケットにも装着できます。

サファリ スケルトン
メ ラミー
価 5500円
サ φ12㎜×H144㎜
重 16g

低価格で、初めて万年筆を使う方に向いています。エルバンはインクの種類も多いので、いろいろなインクを試したくなることでしょう。ステンレス製のペン先は、なめらかでとても書きやすいです。

カートリッジインク用万年筆 スケルトン
メ エルバン
価 1100円
サ φ11×H118㎜
重 11g

シュナイダーの万年筆は、書く人のことをいちばんに考えたなめらかな書き心地が魅力。クリアゴールドは、爽やかなクリア軸にゴールドをあしらうことで落ち着いた雰囲気がプラスされました。高級感があり、大人の普段使いにもおすすめです。

シュナイダー 万年筆406 クリアゴールド
メ シュナイダー
価 2530円
サ φ9×H147㎜
重 11g
付 カートリッジインク1本、コンバーター1個

お手頃な価格でありながら、書き味は高級品と遜色なく、同様にインクが乾かない「スリップシール機構」を搭載している点が魅力です。「クリスタル」はスケルトンなので、自分の好きな色のインクを入れて、その色味を楽しめます。

プレピー クリスタル
メ プラチナ万年筆
価 440円
サ φ13×H138㎜
重 13g

文房具を楽しむために役立つ

使い方のポイント

1

安価で書き味の良い 1本から入門する

万年筆は、1000円前後の初心者向けの1本でも、十分特性や書き心地を実感できるものが多いです。奥深い世界、ぜひ踏み出してみてください。

インクの入れ替えも 万年筆の嗜み

2

万年筆は書くだけでなく、インクの入れ替えや洗浄も楽しめます。お気に入りの道具を美しく保つ喜びもぜひ味わってみて。

3

クリア軸を使って インクを見て楽しんで

軸の素材がクリアなものを選べば、中にセットしたインクの色がそのまま軸色になり、美しいだけでなく、実用的に。

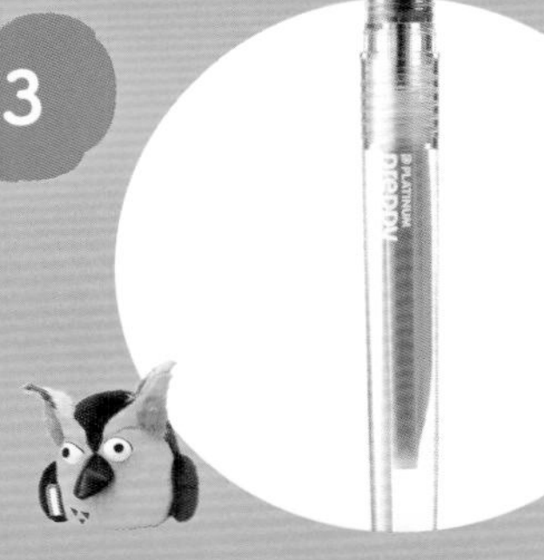

Column01

YouTubeから飛び出した

ブッコローの名言&迷言集

文房具編

僕、だいたい文房具って西友で買うんですよ。

文房具の商品名って大体ダジャレですから!

えっ? 今って自動繰り出しシャープペンが当たり前の時代ですか…?

罫線の中に文字を書くのってストレス、はみ出したい!

サンスター文具の万能分別はさみが好き! ポン酢のフタを開けるのに欠かせないから。

岡崎弘子が登場する回を観ていない人は文具好きじゃない! 令和のひろこと言えば岡崎弘子じゃないですか。

私の体のオレンジはインクにしたらDICの164に近いんですよ。

筆記具編

有隣堂しか知らない世界

ハイライト

飾りじゃないのよ！
物理の力で書く

HIGHLIGHT 01

ガラスペンの世界

岡﨑　これがガラスペンです。

ブッコロー　いちばん高いのでどのくらいなんですか？

岡﨑　２万円くらいですかね。

ブッコロー　思っているより軽いかも、もうちょっと重たいかなと思ったんですけど**意外と軽いわ。**安いのはどのくらいなんですか？

岡﨑　８００円くらいです。

ブッコロー　あーなるほど。**……これガラスペンというか、木ペンですよね？**

岡﨑　軸のところは木でできてるんですけど、ペン先はガラスなんですよ。

ブッコロー　確かに、柄のところにアルファベットでglasspenって彫ってある（笑）。**ガラスペンって言われないから彫ってあるんじゃないかな（笑）。**

（机の上のインク瓶を眺めて）

ブッコロー　**インクの種類もめ**

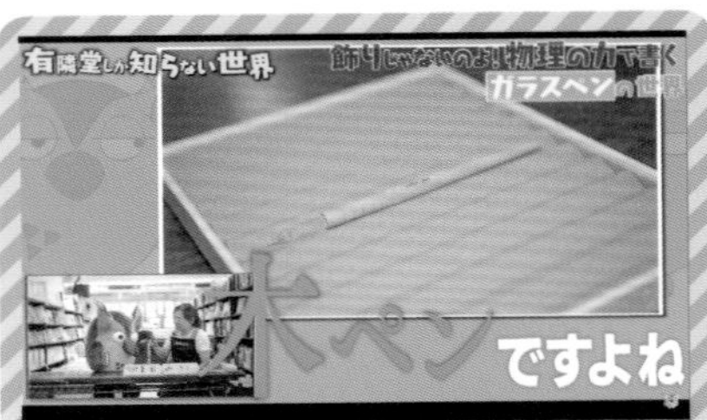

ちゃくちゃある。空き瓶もあるんですね。

岡﨑　集めてるんです。

ブッコロー　**インクの？ アンティークの？ 瓶？ 初めて聞きました**けどね。インクってペンのお尻から入れるんですか？

岡﨑　違います。簡単なんですよ。毛細管現象って言って、インクにつけるだけで上がっていくんです。溝がありますよね。これにインクが吸い上げられるんです。やってみましょうか。

ブッコロー　やってみましょう、やってみてください！ 好きなインクで。

岡﨑　それでは色彩雫(いろしずく)の紫陽花(あじさい)で。

ブッコロー　**めちゃめちゃおしゃれ**じゃないですか。

岡﨑　これに……つける……。先のほうだけしかつけてないけど**インクがシュッと上がっていくんです。**

ブッコロー　インクが垂れない！ 吸い上げられているのがよくわかる。

岡﨑　書きますよ。

ブッコロー　わー、結構なめらかですね。スラスラ書けるって……、スラスラ書けてますもんね。

岡﨑　色もきれいでしょ。

ブッコロー　**1回つけると、どのくらい書けるんですか？**

岡﨑　ガラスペンによって違うんだけども、はがき1枚くらい。

ブッコロー　1回でそのくらい書けるなら、面倒じゃないですね。違う色にしたいときって、どうすればいいんですか？

岡﨑　簡単なんですよ。お水で洗って、**キムワイプで拭く。**

ブッコロー　キムワイプってそうやって使うんだ。

岡﨑　ほらもう、すっごいきれいになりました！ これで次のインクが使えます。ここが簡単だから、**ガラスペンって実用的なんですよ。**万年筆だったらこうはいかない。

ブッコロー　**めっちゃテンション上がっている**じゃないですか。

岡﨑　ほかの色も書いてみますね。

ブッコロー　なんかブランデーみたいなの

出てきましたね。なんて色ですか？

岡崎　プラチナ万年筆のシトラスブラック。

ブッコロー　シトラスブラック？　**全然ブラックじゃないですね。**

岡崎　まずはシトラスなんだけど……ほらもう色が変わってきてる。ちょっとブラックになってきてる。

ブッコロー　**ほんとだ！　すごい。**書いて色が変わるインクもあるんですね。

岡崎　もう1回洗っていくと……簡単にきれいに。ね、実用的でしょ？　ガラスペンは手紙に使いたいです。気持ちを入れたいときに使うと、すぐに書けて、すぐに洗えて、すぐにいろんな色に移れるっていうところがとっても実用的。

ブッコロー　……でも**最も実用的なペンは、ボールペンですよね？**

岡崎　それはそう。

ブッコロー　**え…………。**

（別のガラスペンを試し……）

ブッコロー　**これもすっごい。**しっかりしてるわ。これ買うとすると、いくらぐらいするんですか？

岡崎　5800円です。

ブッコロー　**え？　やす、**めっちゃ安くないですか？　作るのに3時間かかるとして、時給2000円くらい？　もっと取っていいですよ……。

岡崎　ほしくなった？

ブッコロー　流石（さすが）にこれは**有隣堂には売ってますよね？**

岡崎　はい。

ブッコロー　よかった！　キムワイプのときみたいに今回も売ってないって言われたら、もうほんとに**これなんの動画？ってなりますよ。**今日持ってきたなかで岡崎さんのおすすめってどれなんですか？

岡崎　これです。

ブッコロー　これはいくらなんですか？

岡崎　7000円くらいかな。

ブッコロー　え、まあまあ。ぶっちゃけ、ほんとに**ぶっちゃけた話、アマゾンで買ったほうが安くない？**　検索してみよ。**あれ？　え？　186円で売ってますよ!!!**

岡﨑　ほんとですか？　送料が5000円くらいするんじゃないですか？

ブッコロー　いや、送料無料って書いてありますよ？

岡﨑　いや、きっとね、**書き味が最悪なんじゃないですか？　ガラスじゃないとか。**

ブッコロー　いやいや〜めちゃくちゃなこと言うじゃないですか。**根底覆しちゃってますよ。**

岡﨑　ありえないもん。

ブッコロー　あのね。岡﨑さんの**その感覚が、有隣堂の繁栄をストップさせてます。**　世の中ね、物流とかも変わってきて、安くなっているんですよ。

岡﨑　私、これ1文字しか書けないと思う。

ブッコロー　笑。でも、あれですね。せっかくなんで、この動画を見てくださっている方には、アマゾンに186円のガラスペンがあれども、**有隣堂に出向いて、買ってほしいですよね。**

岡﨑　はい。買ってほしいです。

ブッコロー　あまりにもけちょんけちょんにされてますのでね。

岡﨑　有隣堂で買ってください！

ブッコロー　お願いします！

岡﨑　お願いします！

ブッコロー　**もっと大きい声で！**

岡﨑　お願いします!!!

ブッコロー　**アマゾンで買わないでください！**

岡﨑　アマゾンで買わないでください!!!

ブッコロー　もっと大きい声で！

岡﨑　**Amazonで買わないでください!!!笑**

本編動画はコチラ

ガラスペンの裏世界

P 懐かしいですね。これは何年前ですか？

ブッコロー 懐かしいね。もっと昔のテレビを見ている感じかと思ったけど、まだ約4年前なので、そんなに古くさくないですね。岡﨑さんが若いです。私は何一つ老けてないですけど。

岡﨑 何一つ（笑）そうですね。老けてないですね。

渡邉 ブッコローは今より耳の毛がふわっとしてますね。

ブッコロー ああ、耳の毛がね。ブッコローも年を取るんですね。

岡﨑 この頃は耳が立ってる！

ブッコロー ああ！ 立ってる、立ってる！！

渡邉 顔の頬の部分も艶がいいように見えますね。

ブッコロー ちゃんと人の話を聞いているように見えますね。

岡﨑 今はヨレヨレじゃないですか。

ブッコロー 店舗でイベントがあるときとかに、段ボール箱に押し込められて送られたりとかしてたから、耳が「へにゃ」ってなり始めているんですかね。

岡﨑 頬の辺りもキリリとしてますね。

ブッコロー ブッコローも年取るんだぁ……。

渡邉 ほんとですね。

P この動画は2本目でしたっけ。YouTubeの立ち上げで「何やろうか」って言ったときの2つのうちの1つですね。1本目がキムワイプで、2本目に「ガラスペンやりましょう」って言って。本当は初回の収録のときに2本撮影しようと思ったんだけど、キムワイプの回が延長しすぎて「終電に間に合わないからガラスペンは来週撮りましょう」って言って分けて撮ったんですね。

渡邉 ガラスペンの工房を撮影させていただいたときの手ブレがひどくて。今だったらもう少しはちゃんとできると思うんですよね。

P 「スマホを横にして撮ってきてください」って言ったのに、縦で撮ってきたのよ。

渡邉 申し訳ございませんでした。

YouTube動画制作のナイショ話!?

P ガラスペンが有隣堂で売ってるかどうかっていうのも、収録しながら確認したんだっけ。知らなかったものね。

岡﨑 これ売り場からの借り物だったんですよねぇ。

渡邉 はい。なので、うちに売ってるやつですね。

ブッコロー 2本目からテイストがあんまり変わってないですね。

岡﨑 うん……。

P いろいろ変えているんですよ。

ブッコロー 昔のほうがテンポが遅いですよね。

渡邉 要素が多くないですか。今だったら「この話も切りそう」みたいなところがある。

P おお、さすが。 でもこの動画で8分もないんですよ。だけど「おもしろかったけど長いな」って感想をブッコローくんからもらった覚えがある。やっぱり要素がちょっと多いよね。

渡邉 そうそう、そうですよね。「インクの色がかわいい」とか絶対入れなさそうだもの。

P 今だったら、もっと細かいことを編集し直したいなと思うところがある。

ブッコロー 今だったらこれ7分ぐらいになっちゃうんですかね。

P もっとおもしろくして8分にする。当時は探り探りだったんですよ。編集データを見るとすごいことになってるので、あの頃は泣きながら編集をしてたと思う。ちなみに最後のAmazonの件ですが、岡﨑さんはどういうつもりで言ったんですか。

岡﨑 どういうつもりっていうか、私もこれで初めて知ったから。

ブッコロー 本音？

岡﨑 本音です。

ブッコロー ガラスペンを愛する者として「180円なんかで買えるわけがないでしょ？」みたいな。

岡﨑 もう「嘘でしょ嘘でしょ」ってなって。考えた限りの理由を自分で言っていますね。ありえないから。

ブッコロー 信じられなくて、心から出た本音がボケになっちゃったんですね。

岡﨑 「送料が高い」ってよく言うから「5000円かな」って。でも無料なんですよね。

P その後、実際にAmazonで買えるガラスペンという回もやりましたね。あの回は1年後でしたっけ。

渡邉 はい。「ガラスペンの世界」をやってから、ずっとやりたかったんですものね。

参加スタッフ

岡﨑、ブッコロー、プロデューサー（P）、渡邉 郁（渡邉）

レア色続々！

HIGHLIGHT 02

インクの世界

ブッコロー　今回は超レアな色続々！ インクの世界～!!　岡﨑さんってインク好きですもんね。

岡﨑　好きなんですよ。

ブッコロー　インクって、ガラスペンとか万年筆に入れて使っていくものですよね。

「インクなんて買わなくても、ボールペン買えばインクは中に入っているものだし」と思うと、なかなか一歩踏み出せないんですよね。

岡﨑　想いを込めて書きたいときに**いろんなインクから選べる楽しさ**があるので、どんどんほしくなっちゃうんですよ。

ブッコロー　プロポーズするときに恋文を書くじゃないですか。燃えるような赤で書いたら情熱が伝わる。既製品のボールペンだと「この赤じゃない。君に伝えたい荒ぶる愛情は赤寄りの赤だ」。

そういうときに、とてつもない色の種類があるから、**自分の感情にぴったりなものを選べる**ってことですね。

岡﨑　……。（聞かなかったことにして）**ペリカンのロイヤルブルー。**これは皆さんよく使います。

私をインクの世界に染めちゃって！　インクだけに。

ブッコロー　ド定番。王道中の王道ですよね。（書いてみて）ちょっと薄めの紺って感じですかね。

岡﨑　陰影がハッキリするので、お客様のお試し書き用にも使っています。

ブッコロー　じゃあ**インクオブインク**だ。ボールペンとかサインペンじゃありえないくらい「本当にきれい」って色はありますか？

岡﨑　これ。

ブッコロー　**ファーバーカステルのターコイズ**じゃないですか。

六角形の鉛筆を世界で初めて作ったと言われるドイツのファーバーカステルですね。

岡﨑　ある方からいただいてテンション上がっちゃったんです。

ブッコロー　そうですよね。1個4000円ぐらいしますものね。

岡﨑　よくご存じですね。すごくきれいですよ。

ブッコロー　こんなきれいな色をプレゼントする人って、相当心もきれいで素敵な方なんじゃないですか。

岡﨑　本当は心がきれいなのかもしれないのですけど、いつも私のことをあんまり良く言ってないし……。こちらもそうですよ。

ブッコロー　そんな高価なものを2つもくださる方がいるんですか。

岡﨑　そうなのですよ。

ブッコロー　**ファーバーカステルの夜桜!!**

岡﨑　瓶も素敵です。

ブッコロー　香水みたいね。すごく素敵。素敵すぎてガラスペンも喜んでインクを吸い上げまくっちゃってますもんね。

岡﨑　すごくいい色なんですよ。

ブッコロー　本当にいい色ですね。選んだ方、相当ロマンチックな方ですね……どなたからいただいたんですか？

岡﨑　（小さな声で）ブッコローですね。

ブッコロー　**アッ……私があげたやつでしたっけ……？**

岡﨑　そうですね。

ブッコロー　**やだなー！　忘れちゃってた。**

岡﨑　これを選ぶってことは、もともとインクがお好きなんですか？

ブッコロー　いやいや違うんですよ。岡﨑さんがインク好きだから、インクあげときゃ喜ぶかなーと思って。

岡﨑　選ぶ楽しさってどうでした？

ブッコロー　選んでいるときは、悔しいけど楽しかったですよ。

ターコイズのように輝いていただいて、サクラのように

散っていってほしいなと思って。

岡崎　なんで！　散ってどうするんですか（笑）。私もラブレター書いてきたんです。

ブッコロー　え？　私に？　ありがとうございます。

岡崎　これ、開けたときにふわっと香りませんか？

ブッコロー　なんか甘い匂いします。

岡崎　さあ、なんでしょうか。

ブッコロー　カステラ？　カステラの匂いのインク？

岡崎　惜しいなぁ。はちみつカステラの中には入っています。

ブッコロー　……はちみつ。

岡崎　正解です。

ブッコロー　地獄だよ。**そのヒントで答えたときのこっちの気持ち考えたことある？**　はちみつの匂いがするインクなんてあるんですか。

岡崎　こっちは**アカシア**です。いろんな色があって、はちみつに似せてあります。

ブッコロー　（書いてみて）ちょっとやっぱり薄いですね。太めのペンで書かなきゃダメですね。

岡崎　匂いを楽しみながら書けるので、相手に贈ってもいいですよね。

こちらはどうですか。作ってもらったインクで**「血の色」**。

ブッコロー　なんで急に殺人鬼みたいなこと言うんですか。血の色がほしくて作ってもらったってこと？

岡崎　そうです。**源光庵の血天井**っていう天井の色を再現してくださいってお伝えしました。

ブッコロー　（怖）すごく和っぽい赤です

ね。インクって作れるんですか。

岡﨑　セーラー万年筆さんにインクをブレンドする石丸さんという方がいて、作っていただいたんです。

ブッコロー　「インクブレンダー」なんて職業があるんですね。

岡﨑　ほかに変わっているものだと「**ご当地インク**」。

ブッコロー　**横浜マリンブルー有隣堂**って入っていますよ。有隣堂だけで売っているんですか。

岡﨑　そうなんです。書いてみてください。素敵な色なので。

ブッコロー　素敵な色ですね。書きやすい。粘度が強いっていうか、濃い気がします。**これ売れると思います**よ。

岡﨑　次はセーラーの極黒。

ブッコロー　**極めて黒い**と書いて極黒。

岡﨑　これは本当に黒寄りの黒です。大好きな言葉。

ブッコロー　黒寄りの黒。極めて黒。**極めて冷静に書かせていただきますね。**

岡﨑　気持ちいいぐらいの黒。重要な書類とかに書きたいっていう黒。

ブッコロー　（書いてみて）まあまあ……、黒ですけどね。ボールペンの黒と書き比べてみましょうか。

んん？　**ジェットストリームのほうが黒くないっすか……？**

本編動画はコチラ

インクの裏世界

P 有隣堂オリジナルのインクの数は、この動画を配信した頃から増えているんですか。

岡﨑 もちろん。今4つあるんですよ。「海」「空」「港」「風」と。ブッコローがうちのオリジナルインクで特に「海」がいいって言ってくださって。

ブッコロー 「風」があるんですか。

岡﨑 ええ。でも「海」がぶっちぎりで人気ですよ。「動画でブッコローがいいって言っていたインクってなんでしたっけ」ってお客様に聞かれますよ。私が見せると「これこれこれ」って。みんな知っているんです。

ブッコロー ええ！ 僕が動画で「いい」って言ったから？ いやいやそんなことないでしょ！

P 42万回も再生数が回っているんだものね。

ブッコロー 42万って藤沢の人口じゃないですか？ 藤沢と横須賀も大体40万くらいですよ。

渡邉 本当？……（調べてみて）本当だ！！（笑）

岡﨑 すごいですよね。この前、仕事をしていたら店舗の人に呼ばれたんです。「明後日、ドイツから来たいっていうお客様がいるんです」って。その方は日本人なんですけど、ずっとドイツにいて「YouTubeを見て、ずっと行きたかった。29日に伺いますがいらっしゃいますか？」って言われたから「いらっしゃいません」ってお返事したんですけど。

渡邉 いらっしゃいません？（笑）その日はお店にいない日だったんですね。

岡﨑 台湾からとか、かなり遠くから来てくださっていて本当にありがたいです。ネパールとかもありますよ。

渡邉 イギリスの方もいましたよね。

P あと、【インクの世界】の回といえば「ファーバーカステル」ですね。

岡﨑 そうです、そうです。

参加スタッフ

岡﨑、ブッコロー、プロデューサー（P）、渡邉 郁（渡邉）

YouTube動画制作のナイショ話!?

ブッコロー Pと「YouTubeのチャンネル登録者数が1万人になったのは、岡﨑さんのおかげだよね」って話してて。で、岡﨑さんに何かプレゼントを買おうと2人で六本木のミッドタウンをうろうろしてたときに、たまたまファーバーカステルのお店があったんです。ぱっと見は香水屋さんみたいなんだけど「なんだこれ」と思ってよく見てみたら「ファーバーカステル！　聞いたことある！」って。お店がすごく良くてね。陳列がきれいで、しかも「直営店は六本木にしかありません」って言われて。当時は「夜桜」って限定のインクだったんだよね。あれをおすすめされて「これは岡﨑さんも喜ぶんじゃないか」って思って選びました。確か50〜60万円したんだよね。……あ、違うか。

岡﨑 YouTubeで言ってるじゃないですか。インクだけど4000円もするって。買ったこともないし、もちろんいただいたこともないのですごくうれしくて。

ブッコロー Pはお金持ちだから、おねだりしたら10本くらい買ってくれますよ。

P お金持ちじゃないよ。

ブッコロー 「P〜〜！　インク10本ほしいぃ〜！」「いいよ〜」って。

岡﨑 あのプレゼントはびっくりしました。本当にびっくりしました。

P 1万人超えて僕らもすごくうれしかったですし。それがきっかけで買ったっていうね。

渡邉 あげたときの動画をPがSNSにあげてましたね。

P はい。僕のXを漁っていただければ、当時の動画があるかと思います。

ブッコロー 岡﨑さんにサプライズでインクをあげる動画ですね。

岡﨑 インクをもらうってすごくうれしいなと思ったんです。プレゼントであげたら喜んでくれるようなインクを作りたいなって思うようになりました。

ブッコロー この頃より今のほうがインクって流行ってますよね。

P チャンネルを立ち上げた頃がインクブームだったんですよ。台湾とかもすごかったですし。だからおっしゃる通り、インクは今すごく流行ってきているんだと思います。

ブッコロー いいタイミングで取り上げたっていうことになるかもしれませんね。

そんなに細くて
何に書くの……

HIGHLIGHT 03

極細ボールペンの世界

ブッコロー　そもそも通常のボールペンって、どれくらいの太さなんですか。

岡﨑　売れているもので0・7㎜ぐらいです。

ブッコロー　でも、徐々に進化してきたのが**「極細ボールペン」**。今どこまで来てるんですか？

岡﨑　0・28㎜です。

ブッコロー　極細だからこそいいことってあるんですか？

岡﨑　例えばね。こういうもの。

ブッコロー　うわ、小さい！　小さい原稿用紙に文字を書くのにいいですね。マスに画数の多い漢字をすらすら書けるってすごい!!

岡﨑　こちらは5㎜方眼のノートです。

ブッコロー　こんなに小さく書けるんですか!!

岡﨑　そうなんですよ。

ブッコロー　ブッコローも、もういい年ですからね。**目の奥がキューンってなります……。**

岡﨑　コクヨさんのキャンパスノートにC罫という細い罫線（罫幅5㎜）があるんです。

ブッコロー　めっちゃ細いですね。

岡﨑　学生さんで使う方がいらっしゃいますよ。よく売れています。

ブッコロー　情報化社会だから、今の高校

生たちは一枚にびっしり情報を詰めたくなっているんだよ。それもあって**極細ボールペンが注目を浴びている**ってことですよね。

岡崎　今回は油性で0・3㎜以下の2商品を紹介します。**三菱鉛筆さんのジェットストリーム エッジ 0・28**と、**パイロットさんのアクロボールTシリーズ03**です。

ブッコロー　アクロボール0・3㎜からいきます。

（書いてみて）うわぁ……細い!!

このルーズリーフには書きやすいけど、細すぎてボールペンの感じがしない。

シャープペンで書いているみたいだな。

岡崎　画数の多い漢字でも罫線の細いノートに書けるんです。

ブッコロー　（比べて書いて）……いや、難しいな。甲乙つけがたいな。

岡崎　0・02㎜の違いって感じられました?

ブッコロー　言われてみると、0・28のほうが細いかなぁ。価格はいくらですか。

岡崎　**ジェットストリーム エッジが1100円。パイロットさんが165円。**

ブッコロー　こっちが165円じゃ、圧倒的勝者はアクロボールですね。

岡崎　軸の構造が何でできているかで価格が違います。

ブッコロー　確かにジェットストリームっていいものを使っています。でも1100円なら、アクロボールの165円でしょ。

岡崎　アクロボールはプラスチックでできているので……。

ブッコロー　ジェットストリームは何でできているんですか。ダイヤモンドですか。

岡﨑　金属です。

ブッコロー　金属‼　アバウトですね。アクロボールはプラスチックだから割れて壊れちゃうってこと？　どっちの歴史が古いんですか。

岡﨑　三菱鉛筆さん（ジェットストリーム）ですね。２００６年にジェットストリームが国内で販売され、２００８年にアクロボールが追従してくるわけですね。ジェットストリームが０・５㎜になったのが２００８年。その後３年遅れてアクロボールの０・５が発売。２０１９年にジェットストリームの０・２８が発売。２０２０年の11月24日にTシリーズ０・３が発売。追いかけてきているの。

ブッコロー　（資料を読みながら）超極細３色「ジェットストリーム エッジ３」を２０２０年の11月25日に発売。……アクロボールTシリーズ０３が出た翌日ですよ。バッチバチじゃないですか。ジェットストリームとアクロボールで**火花が散ってるよ。相当バチバチですよ。**ということで、今日はゲストの方に来ていただいております。三菱鉛筆東京販売神奈川営業所の**赤井由喜さん**です。よろしくお願いします。今回は極細ということで、気になるのは「値段が高くないか」ってところですよね。

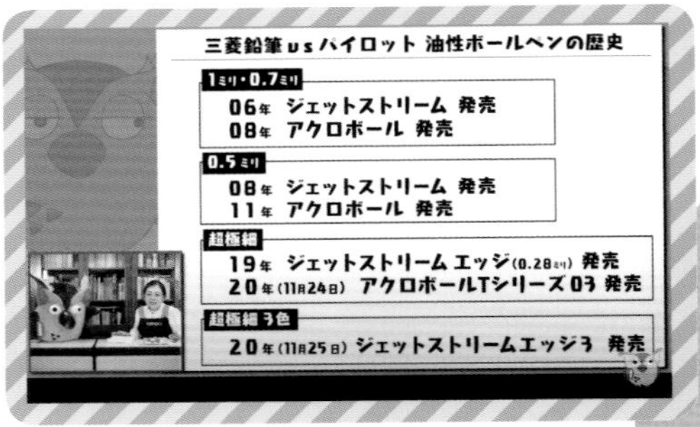

三菱鉛筆vsパイロット 油性ボールペンの歴史
1ミリ・0.7ミリ
06年 ジェットストリーム 発売
08年 アクロボール 発売
0.5ミリ
08年 ジェットストリーム 発売
11年 アクロボール 発売
超極細
19年 ジェットストリーム エッジ(0.28ミリ) 発売
20年(11月24日) アクロボールTシリーズ03 発売
超極細3色
20年(11月25日) ジェットストリームエッジ3 発売

有隣堂しか知らない世界
「油性で0.3ミリ以下」メーカーの熾烈なバトル勃発
極細ボールペンの世界
ゲスト
三菱鉛筆 神奈川営業所
赤井由喜さん

赤井　「ジェットストリーム エッジ」は、ジェットストリームよりさらに一歩上を行くジェットストリームということで、デザイン、機能性を備えた商品になっています。

ブッコロー　機能的には通常のジェットストリームとどこが違うのでしょう？

赤井　０・２８㎜を出すために「ポイントチップ」という、**ペン先にかけてスリムな形状に細くしてい**

有隣堂しか知らない世界
既存のジェットストリーム
ジェットストリーム エッジ
スリムな形状に

くことで、書いたときにペン先がクリアに見えるように設計されています。

ブッコロー　アクロボールの動向を気にしてるところはあるんですか。

赤井　個人的にはそうですね。お店に行って必ず書いてみて「あ、こうだな」と。

ブッコロー　赤井さん的にアクロボールのTシリーズ03は、どういったご評価ですか。

赤井　やっぱり細いなっていう感じでした。

ブッコロー　でもジェットストリームのほうが細いじゃないですか。

赤井　やっぱり……弊社のほうが技術的には上回っていたのかなと。

ブッコロー　一瞬、目の奥がどす黒く輝きましたけど。先月また新商品が出たんですよね。ジェットストリーム エッジ3と呼べばいいですか。

赤井　0・28のボール径の3色タイプになっています。

ブッコロー　見た目からエッジ効かせているんですね。ここ回すと……すごく速いじゃないですか。「何色のインクが出るか」ゲームができるかも。お値段はおいくらですか。

赤井　**2750円**です。

ブッコロー　有隣堂、気をつけないと万引き増えますよ。これは。

赤井　後端の「ダイヤル式」は弊社も初めての試みの商品となっています。また、通常の多色ボールペンは、芯がしなって出てくるんですね。ダイヤル式にすることで、ペン先のところから芯が真っすぐに出てくる。

ブッコロー　あー。ペン先の傷みも少ないってことですよね。

赤井　はい。特にボールが「0・28」と小さい分、ペン先のボールになるべく負担をかけず傷をつけないようにしています。

ブッコロー　じゃあ、さっきの価格は安いですよ。ここまでの技術を使っているのだったら、**これはお値打ち！**

有隣堂しか知らない世界　「油性で0.3ミリ以下」メーカーの熾烈なバトル勃発　極細ボールペンの世界
真っ直ぐに

本編動画はコチラ

極細ボールペンの裏世界

ブッコロー 社外ゲストが来て忖度せずに本音で話す。場合によっては会社から怒られますよね。「パイロットさんのことをあんなふうに言うな。面倒なことになるから」ってね。

P 当時、登録者数が少なかったとはいえ、三菱鉛筆の赤井さんには非常に感謝ですね。この回は三菱鉛筆とパイロットの2社の歴史を振り返りながら素直な感想を聞けた良い回だったと思います。

岡﨑 勉強になりました。

渡邉 事前にけっこう細かく調べましたよね。

P 岡﨑さん以外のバイヤーにも頼んで調べてもらったんだよね。

岡﨑 ライバル意識があるって赤井さんから聞いていたんですよ。朝礼で必ず言うんですって。

P なんで今そういうこと言うの。動画で言いなさいよ。

ブッコロー 朝礼で何て言うんですか？ 「打倒パイロット！」みたいな？

岡﨑 「向こうがこういうのを出したから頑張ろう！」とか。

ブッコロー 情報共有からの「負けるんじゃないぞ！」みたいな。

P ライバルメーカー同士ってお互いを気にしているけど、あんまり表立って言わないんです。日本の企業は特にね。 その中で、赤井さんが匂わせてきてくれたのはよかったし、ブッコローくんも素直な感想を言ってくれました。

ブッコロー こう見ると、極細ボールペンのライバル争いもかなりバチバチですね。

P そんな中で、個人のレビューではあるけれど、岡﨑さんもブッコローくんもそうだし、赤井さんも素直な意見を言えたというのは、企業チャンネルではなかなかできないこと。本当にいい回だったと思いますね。

ブッコロー 数字のことも、メーカーの人がちゃんと嘘をつかずに言ってくれるって気持ちがいいですね。

P 一般的なメーカーの人は、ライバルメーカーのことに対して「お互い切磋琢磨して業界が盛り上がればいいと思います」って言いたがります。でも、赤井さんは本当に本音を言ってくれましたね。自社への愛のある本音が聞けたのがよかったよね。

YouTube動画制作のナイショ話!?

参加スタッフ

岡﨑、ブッコロー、プロデューサー（P）、渡邉 郁（渡邉）

愛でたくなる文房具の世界

note &
notepad &
sketchbook

ノート & メモ帳 & スケッチブック

すべて一点もの。
選ぶのも楽しい
特別なノート

出会ったのは京都でしたが、今は岩手在住の作家さんです。紙を折り、絵を描き、ハードカバーに製本するまですべて手作業で行われていることにビックリすると同時に、表紙の美しさに一目ぼれ。一冊のために描いた一枚の絵を製本しているので、すべて一点ものです。

すずめや謹製手製本ノート
「岡崎百貨店 こけもも」
メ すずめや
価 3630円
サ W153×D14×H109㎜
（1～2㎜程度の個体差あり）
重 約150g

種類が豊富なので、
用途ごとに選ぶのが
楽しみの一つです

ノートもメモ帳もスケッチブックも、「書かれるもの」ですが、それぞれの目的に応じた最適なものがあります。日本の文房具はとても優秀で、それぞれの目的に合わせて特化した機能を備えるアイテムがほぼ揃い、さらに進化を続けています。私はお裁縫のメモとして図の描きやすい方眼ノートを使い、アイデアを出すときは少し大きめの無地のノートを使っています。紙の素材感を楽しみ、手書きがもっと好きになってもらえたらうれしいです。

一時期
ヘビーユース
していた愛用品

※マットレッドは販売終了品です。

糸かがり製本なのでフラットに開きます。

仕事用のノートとして、2か月で1冊くらいのペースで愛用しています。A4の資料を横向きに貼ってジャバラに折るときれいに収まります。カラーバリエーションがあったので、いろいろな色を使って気分を変えていました。5mm方眼と、ペンと相性のいい紙質が◎。

カ.クリエ プレミアムクロス（方眼罫）
メ プラス
価 880円
サ W105×H215mm
重 131g
色 マットブラック、マットネイビー、マットホワイト

昭和22年から変わらないデザインで昔からのファンも多いですが、昭和レトロな感じが若い世代にも受けるのでは？ ツバメ中性紙、フールスは筆記用の紙として開発されたもので、蛍光染料を一切使用しておらず、目に優しいのが特徴です。

大学ノート（W30S）
メ ツバメノート
価 286円
サ W179×H252mm（セミB5）
重 131g

昔からのファンも多い変わらないデザイン

書くときに段差が邪魔をすることがありません。

一躍、世界で有名になったおじいちゃんのノート

お孫さんのツイートで爆発的に売れ、おじいちゃん（中村さん）の素晴らしい製本技術が世界中に知れ渡りました。見開きに段差がまるでないノートです。スマホで撮影するときも影が出ず快適です。

方眼ノート
メ 中村印刷所
価 265円（A5）／320円（B5）／385円（A4・60ページ）／450円（A4・80ページ）
サ W210×D4×H297mm（A4）／W148×D4×H210mm（A5）／W182×D4×H257mm（B5）

発売時は超感動！
画期的な
やわらかリング

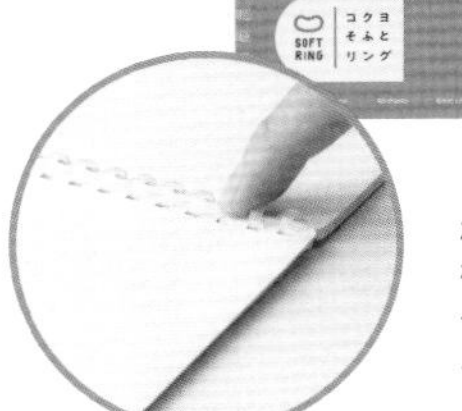

たまに何の理由もなく触りたくなる、いい感触のリングです。

ぷにぷにしたやわらかいリングだと、手に当たっても気にならず、ページの端までスムーズに書くことができます。かさばりにくさや、めくりやすさもポイント。さらに、D字型のリング形状は閉じたときにページの端がすっきり揃い、プチストレスが解消されます。

ソフトリング®ノート
メ コクヨ
価 385円（セミB5・40枚）／363円（A5・50枚）
サ W179×H252mm（セミB5）／W148×H210mm（A5）
重 170g（セミB5）／140g（A5）
色 ダークグレー、ライトブルー、ライトグリーン、ライトピンク、紫、オレンジ

横長のサイズがパソコンの手前で書くのに便利です。

万年筆でも裏抜けしない紙、ダンデレードCoCとサンシルキーCoCのペーパーブロックに、使いやすいハーフサイズが登場しました。単なるメモ帳としてだけでなく、横に使うと一筆箋として使え、縦に使うとTODOリストにぴったりです。

PALLET PAPER HALF
（ダンデレードCoC、サンシルキーCoC）
メ 富国紙業
価 990円
サ W195×D97×H18㎜
内 150枚

ほしい機能を全部のせ。再販希望のメモ帳

残念ながら廃番となったまぼろしのメモ帳です。便利な要素がすべて盛り込まれていて超優秀。裏面のマグネット、角丸仕様、マイクロミシンの切り取り線、裏抜けしにくい紙のほか、表紙を折り返すと裏面がすべり止めになり、卓上で片手でメモが取れるのがポイントです。

まるものメモ マグネットA7
メ マルモ印刷
価 473円
サ W74×D10×H105㎜
重 70g
※現在は廃番

便利すぎるメモ、いつか復活してほしい！

有隣堂だからできるお得な限定品

紙問屋富国紙業様と有隣堂とのコラボ商品。懐かしい和菓子屋さんの縦じまの紙がたっぷり入っています。ほかのカードにも使えたり、紙問屋さんならではの紙の端材がお得なセットです。

紙屋のおすそわけ 有隣堂限定オリジナル
メ 富国紙業×有隣堂
価 770円
サ 外装含め300×210㎜
重 190g
内 紙屋のおすそわけセット内容：大30枚　小①10枚　小②7枚

メモの左側側面がのり付けされているので、書いたあとにページをめくると、次に開いたときは新しいページがさっと開ける仕組み。アイデアが浮かんだときや、片手がふさがっているときにも、素早く書き出しページにアクセスできる便利なアイデア商品です。

パッとメモ
メ ミドリ
価 396円
サ W76×D15×H128㎜
重 71g
色 黒、白

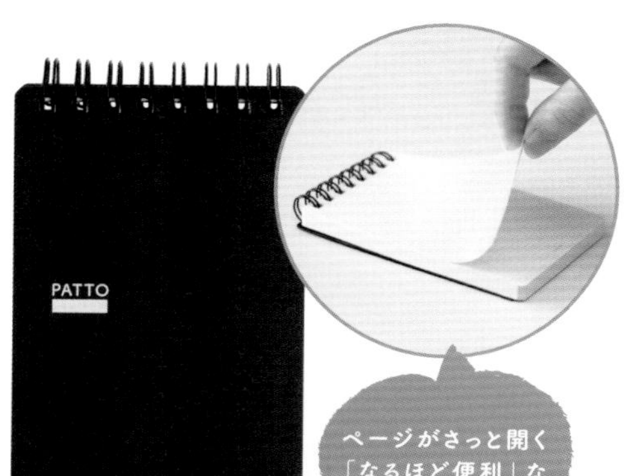

使うほどに天のりがはがれるので、ずっと最新のページにアクセスできます。

ページがさっと開く「なるほど便利」な発想に脱帽

普通のメモに見えてすごいんです！

方眼と横罫の罫線下敷き付きで使いやすいです。

トモエリバーの書き心地を記憶に刻んで

トモエリバーを生み出した巴川製紙は2021年にトモエリバーの生産を終了。しかし世界中で愛用されているトモエリバーを継続するために、石川県金沢市にある三善製紙がブランドを継承しました。三善トモエリバーSはパルプの絡み合いが従来品よりも均一化し、表面のなめらかさ、インクのにじみにくさが向上しています。また、紙厚が5ミクロンほど厚くなり、紙のコシ（硬さ）も増しています。

WRITING PAD A5／SANZEN TOMOE RIVER S
メ 山本紙業
価 1760円
サ W148×H210㎜
重 52g
内 200枚

普通のノートと特別変わらない書き心地ですがアメリカ軍も使用している、最も過酷な状況にも耐えることができる耐水性ノートです。普通に破ったりできます（他の耐水性ユポ紙などは破けにくい）。災害時などに備えておくことができるノートです。

Rite in the Rain
4×6 トップスパイラルノート
メ Rite in the Rain
価 1,100円
サ 約W102×H152㎜
重 約86.2g

スケッチブックは、デザインのかっこよさも大切。画家になった気持ちで描くと楽しさも倍増です。

どうしても
店頭に並べたかった
レトロデザイン

レトロ感あふれる表紙は、日本のグラフィックデザイン界の先駆けで、多摩美術大学初代学長の杉浦非水のデザインです。 中には白画用紙薄口がセットされています。筆記具の持ち運びに便利なペンホルダー付きです。

シレーヌ スケッチブック
メ 文房堂
価 2420円
サ W125×H175㎜
重 約170g

表紙カラーと
色違いリボンが
たまらなくかわいい

種類ごとに違う綴じ紐の色がかわいくて大好きです。

シンプルでありながら、カラーで差をつけたデザインが好きです。店舗で働いていたときはフランスの国旗っぽく青・白・赤と並べたりしていたのを思い出します。カバンに入れて持ち歩き、取り出してすぐに描ける小さめサイズを選びます。

アートスパイラル
メ マルマン
価 605〜1540円
サ 全6種
重 190〜900g
色 レッド、ブルー、イエロー、ブラック、ホワイト、ピンク、グリーン

あまりの
かわいさに
ついお買い上げ

いくつかサイズ展開がありますが、正方形バージョン（12×12㎝サイズ）がおすすめ。正方形は構図が決めやすく、インスタグラムにアップするときにも好相性です。小さめのサイズ感と留めゴムが持ち運びにぴったり。やや厚手の紙質で、クリームがかった色味が好きです。

四角い紙面は、インスタグラムへの投稿にもピッタリ。

ターレンス アートクリエーションスケッチブック
メ ターレンス
価 792〜2376円
サ 全5種
（カラーによって異なる）
重 180〜890g
色 全20種

文房具を楽しむために役立つ

使い方のポイント

1

どの種類の冊子を使うかは目的で決める

ある程度書く量がある場合はノートを選び、移動中に使うときはかさばらないメモ、さまざまな画材で描きたいときはスケッチブックというように、大きさ、紙質、罫線を目的に応じて決めて、選びましょう。

2

ノートは何冊持っていてもOK

使うときは目的と合っていることが大事ですが、使う前のノートは何冊スタンバイされていても大丈夫。見た目や作りが美しいものをストックしたり、誰かへのプレゼントにもおすすめです。

3

もったいなくて使えないときは仲良しの誰かに協力してもらう

友だちになんでもいいので最初の1ページを書いてほしい、と頼むと不思議と踏ん切りがついて楽な気持ちで使い始められます。

ファクトリー発の世界ブランド「ドローイングパッド（P26）」のこだわりインタビュー

美しすぎる製本が魅力のメモブロック、ドローイングパッドを製造するメーカー「ＩＴＯ　ＢＩＮＤＥＲＹ（いとうばいんだりー）」。その素晴らしさは北米やヨーロッパなど世界中に伝わり、ユーザーが日本まで見学に来るほど愛されています。その開発の秘密と、こだわりを代表の伊藤雅樹氏に聞かせてもらいました。

1 まずは用紙にマイクロミシン目のカッターで切り取り線を付け、刻印した台紙と一緒にまとめて背をのりで固める。

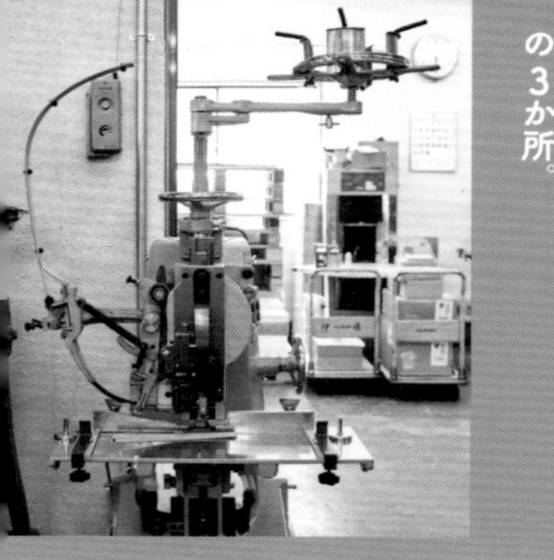

2 台紙と用紙を針金で固定する。Ａ５サイズの場合は中央、左右の３か所。

ITO BINDERY　伊藤雅樹

株式会社伊藤バインダリー代表取締役。印刷会社を経て、同社代表に就任。2009年よりオリジナル文具の開発をスタートし、多くの世界ブランドとのコラボを実現。墨田区より世界へ日本の文具の素晴らしさを届け続けている。

岡崎　今日は『ドローイングパッド』についてお話を伺います。「典型プロジェクト」のデザインチームと作られたそうですね。

伊藤　ええ。スカイツリー建設をきっかけに、２００９年に墨田区からの提案で「典型プロジェクト」というデザインユニットとのご縁をいただきました。「典型プロジェクト」のメンバーが工場を見学した際に、職人が作ったメモ帳を偶然見つけたことがきっかけでした。断裁して処分

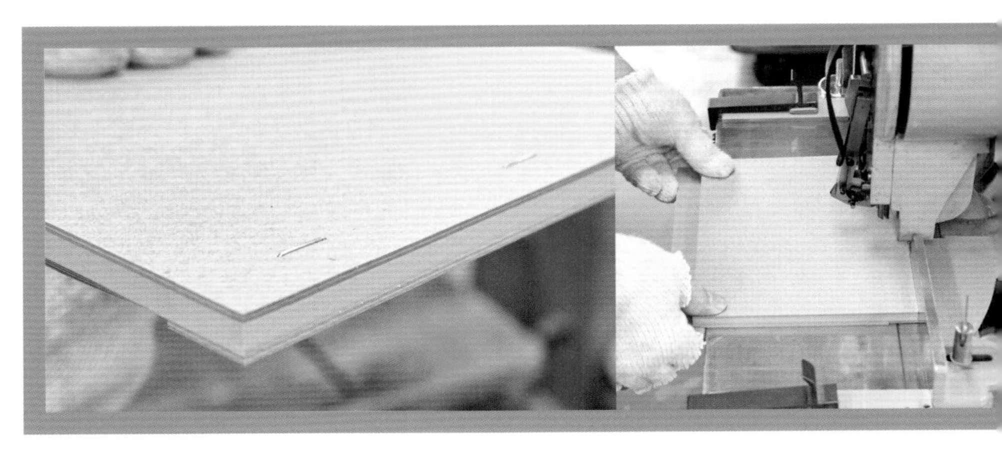

する紙のうち、良い状態の余り紙を空いた時間にメモ帳にして皆さんに配っていたんです。「これが伊藤バインダリーの文化じゃないか、この概念をちゃんとしたものとしてまとめよう」ということで作ったのが『メモブロック』と『ドローイングパッド』です。『メモブロック』はデザイナーの方が図面を引いて、それをもとに作っています。『ドローイングパッド』に図面はなく、商品の名前とコンセプトをもとに職人が完成形をイメージして作っています。

岡崎　今使われているのは、余り紙ではないですよね。

伊藤　はい。厚紙は段ボールの古紙を固めたもので、上製本などハードカバーの芯材で使われる板紙を仕入れて作っています。

岡崎　用紙の断面やミシン目の切れ

3

表面側に台紙を貼り、針先が見えないデザインにする。

4

四方を断裁し、美しく整える。二度切り落とすことで、断面を直角に整える。

目が美しいですよね。

伊藤　本の紙の断面を見ていると、斜めに筋が入っていることがあると思います。「雨が降っちゃった」って言うんですけれど。紙を切る断裁包丁にちょっとでも傷があると筋が残ってしまいます。包丁は2万回下ろしたら研磨屋さんに研いでもらう必要があります。そうした手間によって、この断面は作られています。

用紙は、マイクロミシン加工を一枚一枚施しています。切れるメモ帳はいろいろありますが、切れた部分のボソボソ感がないようにしたかったんです。

岡崎　紙はどうやって決めていらっしゃるのでしょうか。

伊藤　紙はすべて、国内の同じ工場で作られた上質紙を使っています。同じメーカーや品番の用紙でも、工場が違うと微妙に紙の色が違います。

美しすぎるドローイングパッドが完成！

最初の試作品。すでに技術的には完成に近い。

5

美しい断面が、製品のこだわりを語る。多くの文房具好きを魅了し続けている。

完成〜!!

ITO BINDERY shop

〒130-0004 東京都墨田区本所2丁目16番地9号
TEL：03-3622-8865
営業：10:00〜17:00（月〜金）

それらの違う工場で作られた紙を混ぜてしまうと、断裁面がまだらになってしまうんです。紙は水を大量に使うので、水の違いじゃないかと思っています。いつ発注しても安定した品質の紙が手に入る日本は、やはり素晴らしいですね。

岡崎　数々のこだわりで作られた『ドローイングパッド』、ますます愛おしくなりますね。今後はどのような展開をお考えですか。

伊藤　少しずつ手に取っていただく機会は増えましたが、まだまだ日本の方には知られていません。これからもっと発信したいと思っています。去年はお店をつくりましたし、ワークショップなども考えています。『ドローイングパッド』が紙の良さを知るきっかけになるといいなと思っています。

おじいちゃんと
心を交わした
私の原点

letters &
postcard &
sealing wax

手紙&はがき&シーリングワックス

子どもの頃、離れて暮らしていた祖父がよくお手紙を送ってくれました。絵の具をたくさん持っていて、木彫りのハンコを自分で制作するような人でした。私の文房具好きも祖父の影響を受けていると思います。今でもふと思い出す、私の原点のようなお手紙です。

おじいちゃんからの手紙
岡﨑の私物

相手を想像して
選ぶのも楽しいですよね

レター関連は大好きなジャンルです。YouTubeチャンネルの影響もあって、手紙をたくさんいただくようになりました。いつも感動しています。手書き文字は情報量が多くて、思いが強く伝わります。人気のガラスペンやインクに対応したセットもたくさんあるので、ぜひ一通届けてみてはいかがでしょう。

気分や相手のイメージに合わせて色を選べます。便箋のグラデーションがとてもきれいです。色味もワンポイントのデザインも、さりげなく上品なので、ビジネスのようなかしこまった場面でのお手紙にも使えます。

色を贈る手紙
メ ミドリ
価 638円（便箋）／484円（封筒）／396円（一筆箋）
サ W148×D5×H210㎜（便箋）／W162×H114㎜（封筒）／W177×D5×H84㎜（一筆箋）
内 24枚（便箋）／8枚（封筒）／30枚（一筆箋）
色 白、青、茶、金（便箋、一筆箋は少しずつ色味の違う3色のアソート）

3色のグラデーションが素敵

ポストカードに描かれたミニ岡﨑を探せ！

グラフィックデザイナーであり、絵本作家でもある吉田愛さんが描いてくれた遊び心あふれるオリジナルポストカードです。インクやペンなど、私が好きな文房具を持って猫たちが行進しています。隊列の中に等身大の私と幼い私の2人を加えてくださいましたので、探してみてください。

岡﨑百貨店 ポストカード
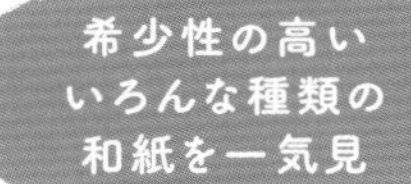
メ ヨシダデザイン
価 165円
サ W100×H148㎜

希少性の高いいろんな種類の和紙を一気見

横浜をイメージして選んだ青色多めの限定レターセット。さまざまな産地に直接出向いて仕入れた和紙のデッドストックも入っているので、和紙好きの方にとってはマストバイアイテムです。ぜひ大切な方へのお手紙に使ってください。

YOKOHAMA BLUE
和紙のレターセット
（有隣堂限定）
メ WACCA
価 2387円
サ W148×H210㎜（いちばん大きいもの・A5便箋）、洋2封筒、ポストカード、カット和紙（サイズはいろいろ）、名刺紙
重 約65g

やぎさんが読まずに食べちゃう歌にちなんだ、かじり跡のあるレターセット。便箋を2つに折って封入すると封筒のかじり跡と重なります。本当にかじられたように見せるため、一枚一枚ずつ手作業で切り取っているという裏話を聞くと、愛おしさが増します。

かじられた跡風の封筒の内側は、ちゃんとのり付けされていて穴が塞がっています。

白やぎレター
メ AUI-AŌ Design
価 330円
サ W148×210㎜（便箋）、W160×115㎜（封筒）
内 便箋2枚、封筒1枚

かじられた!? 郵便屋さんも困惑するレター

元気づけたい相手によく効く言葉をしたためて

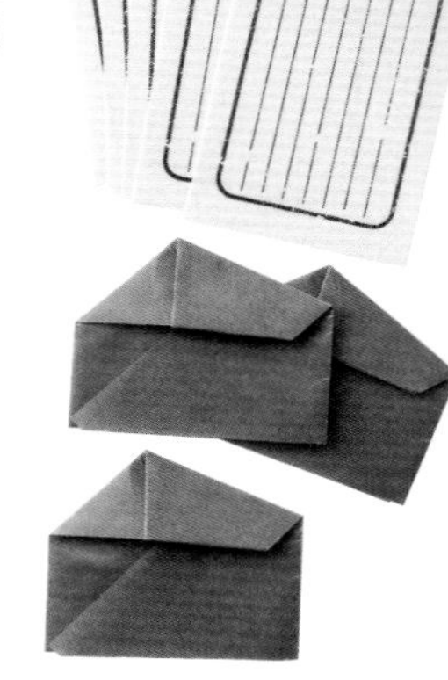

言葉之薬

ワックスペーパーで作られた薬包、味わいのある質感の便箋、それらが入っている大きな薬袋。どれを取っても完璧です。温かい言葉はどんな薬よりもよく効くことがあります。もちろん、単なる遊び心で使ってもOKです。

言葉之薬
メ AUI-AŌ Design
価 550円
サ W60×120㎜（便箋）、W70×60㎜（薬包紙）、W115×160㎜（封筒）
内 便箋5枚、薬包紙3枚、封筒1枚

オニオンスキンペーパー復刻に歓喜！職人技が光る紙

玉ねぎの薄皮のように薄いことから名付けられたオニオンスキンペーパー。ここまで薄く作るのには大変な技術が必要です。一度は廃番となりましたが、惜しまれて復刻を果たしました。独特のしわ感となんとも言えない書き味が、ファンの心をつかんで放しません。

便箋はホワイトとペールブルーの2色。鉛筆やペン、万年筆とも相性が良いです。

Dressco オニオンスキンレターセット
メ 竹尾
価 990円
サ W148×H210㎜（便箋）、W162×H114㎜（封筒）
内 便箋20枚、封筒6枚

封筒ののり付けにもマナーあり

文具マメ知識

封筒は、中身が出ないようにしっかり完全にのり付けしたくなりますが、実は開ける人のことを考えて上の1〜1.5㎝はのり付けせず、空けておくのがマナー。レターオープナーを差し入れやすくなります。

昔懐かしいわら半紙に、似つかわしくないネオンピンクの罫線が引かれている、コントラストがかわいいです。万年筆はにじみますが、ボールペンや鉛筆ではサラサラ記入できます。温かみのある活版印刷で製作され、ヘッダーデザインが異なる2種類の展開です。

わら半紙箋-ネオンピンク
メ 廣運舘活版所
価 660円
サ W85×H105㎜
内 100枚
種 2種類

「懐かしい」と「ポップ」が融合したレトロ感

ふせんでのひと言を、上質に演出してくれます。

厚手の紙と広いのり幅がポイント

一般的なふせんの約1.5倍の厚みがあるので、少しかしこまった感じのメモ書きができます。お手紙を書くのは大げさだけど……というような場面で活躍。糊幅が広いので、ピラピラせずしっかり貼り付けられます。サイズ違いで組み合わせて使っても便利です。

HITOTOKI便箋ふせん
メ キングジム
価 352円（S）／451円（M）／572円（L）
サ W70×H25㎜（S）／W85×H85㎜（M）／W137×H85㎜（L）
内 2柄30枚（S）／1柄20枚（M、L）
種 全3種（S、M）／全6種（L）

繊細でやわらかい印象を添えられるふせんです。白鳥や植物が複雑な形に切り取られ、水中の魚や水面も細かな切り抜きで表現されています。一筆箋としても使え、上品で大人な雰囲気が演出できます。

型抜き付せん
メ ミドリ
価 418円
サ W72〜76×D3×H72〜75㎜
内 20枚

細かい型抜き加工が優しい印象

型抜きされているだけで、上品なうえにキュートな印象に。

あれもこれもほしくなって大変なことに

段ボール2箱分くらいのクラフトパンチを持っています。ここでは珍しいデザインをご紹介。紙をいろいろな形に型抜きすることができますが、抜いた模様のほうも飾りに使えるので一石二鳥ですよね。私は抜いたほうを使うことが多いです。

クラフトパンチ 各種
メ カール事務器
価 660円～
サ W33×D44×H30㎜
重 55g
※キャット以外は廃番

お手紙に添えて使うお香です。朝顔や桜など、いろいろな柄が揃っているので、季節に合わせたお花を封筒にそっと忍ばせると粋ですね。開けた瞬間、ふわりと和の香りが漂います。名刺ケースなどに入れておくのもおすすめです。

文香
メ 鳩居堂
価 330円
サ φ45㎜
重 約3g
種 約13種
※掲載はコスモス

さりげなく伝わる粋な心遣い

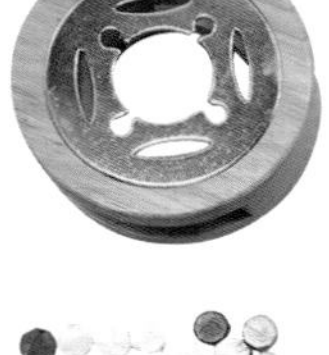

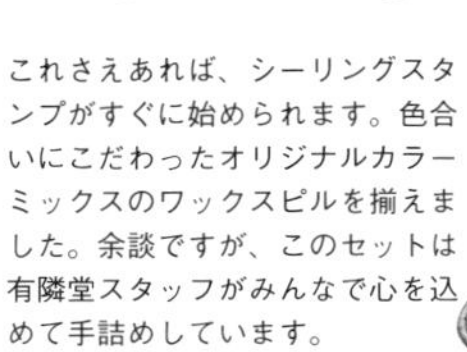

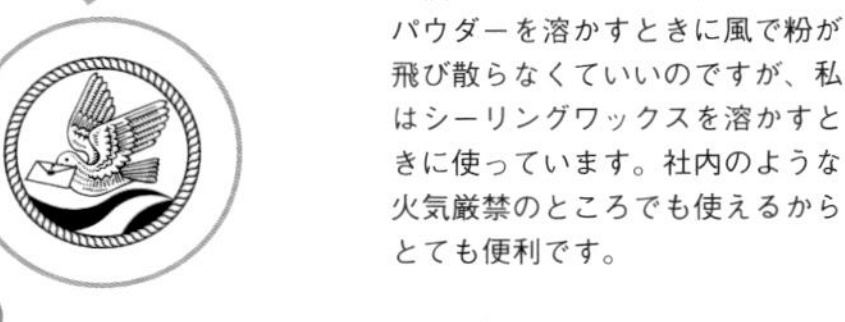

お手紙を運ぶ鳥はシーリングスタンプのスタートにぴったり

これさえあれば、シーリングスタンプがすぐに始められます。色合いにこだわったオリジナルカラーミックスのワックスピルを揃えました。余談ですが、このセットは有隣堂スタッフがみんなで心を込めて手詰めしています。

有隣堂オリジナル シーリングスタンプ スターターキット（鳥）
メ FOOROW
価 3850円
サ H100×W150㎜
重 210g

本来は、スタンプのエンボス加工に使うためのヒーター。エンボスパウダーを溶かすときに風で粉が飛び散らなくていいのですが、私はシーリングワックスを溶かすときに使っています。社内のような火気厳禁のところでも使えるからとても便利です。

エンボスヒーター
メ こどものかお
価 3300円
サ φ47×H240㎜
重 290g

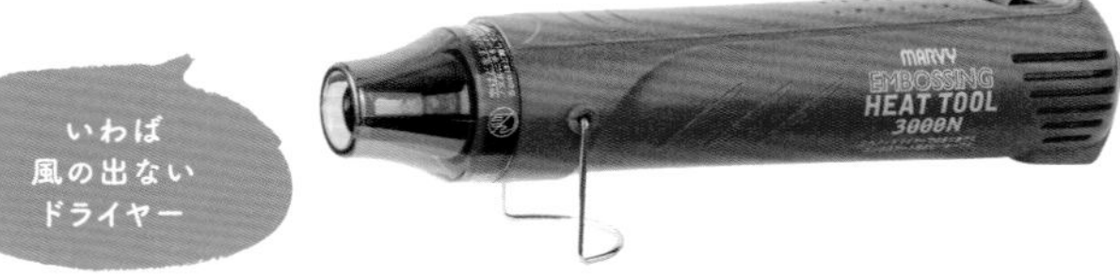

いわば風の出ないドライヤー

文房具を楽しむために役立つ

使い方のポイント

1

手紙を送るときは複数の紙を忍ばせる

1枚だけだと透けやすく他人から読めてしまう、少し寂しい印象になるなどの理由もあって、1枚で書き終わったときは、何も書いてない便箋を1枚余分に入れるのがおすすめです。また、丁寧さも伝わります。

2

はがきと切手をいつも持ち歩く

ファイルなどに入れてはがきと切手を複数セット、いつも持ち歩いていれば、思いついたとき、隙間時間にさっと書けて、筆まめに。

シーリングスタンプは作り置きも◎

3

ロウを溶かして、シーリングスタンプを押すのは少し手間ですが、いくつか作り置きして、両面テープで留めるようにすると、気軽に使えて、手間も少なく便利です。

stamp

スタンプ

対面＆実演販売を貫く天才はんこ作家

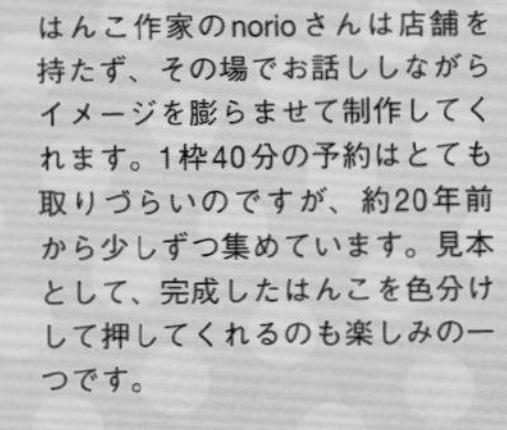

はんこ作家のnorioさんは店舗を持たず、その場でお話ししながらイメージを膨らませて制作してくれます。1枠40分の予約はとても取りづらいのですが、約20年前から少しずつ集めています。見本として、完成したはんこを色分けして押してくれるのも楽しみの一つです。

おかざき はんこ
メ はんこのnorio
価 2800～4600円
サ 約10㎜角～名刺サイズまでオーダーに応じて
重 7g～30g

コレクションするのもとっても楽しいジャンルです

スタンプは絵が描けなくても、ストーリーを生み出すことができます。また、最近は事務的なスタンプに、かわいいデザインのものも多く出てきて、ノートや日記などに使える幅が広がってきているのが特徴です。同じくインクパッドの色も、たくさんの種類があり、日本の伝統色なども多く出てきているので楽しんでみてください。

パソコンのキーボードのようにポチッと押す感覚がくせになります。スタンプ台が不要だから、ペンケースに入れて持ち運び可能。小さいスタンプはなくしやすいので、まとめて保管できるのも便利です。手帳デコや仕事、勉強に使いやすい柄が揃っています。

ポチッとシックス
メ こどものかお
価 990円
サ W15×D14×H77㎜
重 13g
種 全17種

使う頻度の多い柄のものが集まっていて便利。筆箱に収納しやすいのも◎です。

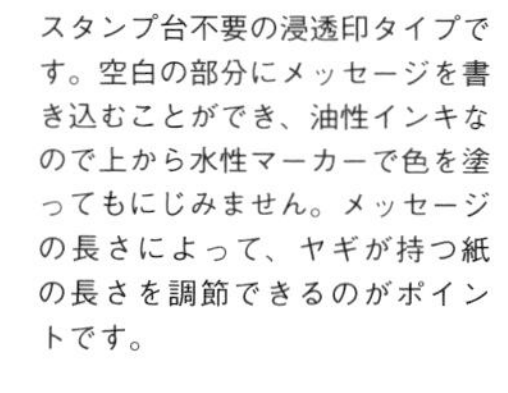

ポチポチと押す感覚が心地いい

繊細なスタンプで独特の世界観を堪能

一つひとつのクオリティが高く、絵が上手に描けなくても、表現の幅が広がるコンプリートセット。高価なセットですが、ありさ&あかめがねさんの作り出す世界観を余すことなく堪能できる、ファンにはたまらない内容です。

猫の街　スタンプ13点コンプリートセット
メ ありさ&あかめがね
価 12760円
サ W125×D125×H40㎜
重 235g

お手紙柄が一筆箋にお役立ち

スタンプ台不要の浸透印タイプです。空白の部分にメッセージを書き込むことができ、油性インキなので上から水性マーカーで色を塗ってもにじみません。メッセージの長さによって、ヤギが持つ紙の長さを調節できるのがポイントです。

ペインタブルスタンプ浸透印 ヤギ柄
メ ミドリ
価 1078円
サ W61×D19×H61㎜
重 53g

オビ構成

THINGS TO DO
MEMO
LOG
MY FAVORITE
WISH LIST
GOOD THINGS
HABIT TRACKER
TODAY'S MOOD
BREAK TIME
NICE DAY!
3連

バリエーション豊かな日付印

人気の消しゴムはんこ作家・ericさんのイラストが付いた日付印です。繊細でほんわかした文房具モチーフが大好きです。日付の部分を空白にして押すと内側に、メッセージを書き込むことができます。

テクノタッチ回転印 eric
メ サンビー
価 4840円
サ W61×D28×H90㎜
重 53g

日本の伝統色から生まれた29色のカラーがとても鮮やかです。どれも落ち着いた深みのある色で、色にこだわりのある方に向いています。油性顔料インクは、乾きが速く取り扱いがしやすいです。スタッキングできるので、省スペースで保管できます。

いろもよう
メ シヤチハタ
価 715円
サ D58.8×H20.3㎜
重 46g
色 全29色

和を表現するなら
深みのある
このシリーズで

カラー展開が豊富で、手帳ユーザーから支持されているロングセラー商品です。「アートニックS」のカラーバリエーションは驚きの96色！ パステルカラーやメタリックカラーなどもあるので、ニュアンスで使い分けることができ、多彩な表現が可能です。

アートニック
メ ツキネコ
価 300円（S）／480円（ミディ）
サ W34×D34㎜（S）／W58×D58×H20㎜（ミディ）
重 12g（S）／30g（ミディ）
色 全96色（S）／全9色（ミディ）

norioさんの
スタンプの下地用に
コレクション
しています

ericさんのポップなイラストのおかげで、スタンプ台が事務用品っぽくない見た目になっているので気に入っています。乾くと水に濡れてもにじまず、盤面がある程度大きいので使いやすいです。

STAMP PAD eric
メ サンビー
価 オープン価格
サ W111×D78×H16㎜
重 62g
色 ブラック、ゴールド、シルバー、ネイビー

デザイン
だけでなく
中身も優秀

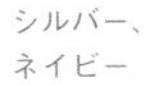

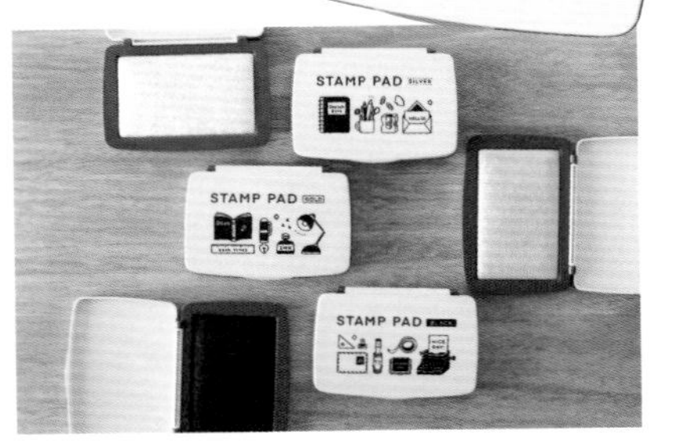

真っ白な
スタンプ台を
あなた色に染めて

手持ちのインクを真っ白なスタンプ台に垂らして、スタンプに使うことができます。お気に入りのインクをスタンプ台の上で混ぜ合わせることも可能。スタンプを押すまでどんな色になるかわからないのでワクワクします。

持っているインクで
お気に入りのインク
パッドが完成！

INK BIYORI
メ サンビー
価 1650円
サ W102×D70×H14㎜
重 45g

文房具を楽しむために役立つ

使い方のポイント

1

インクパッドを持って スタンプにつける

スタンプを持ってインクパッドを下に置いてつけがちですが、印面を上に向けて、インクパッド（小さいもの）を上からトントンとつけていくと、きれいにインクを載せられます。

2

多色をつけるときは 薄い色から

1つのスタンプに1色とは決まっていません。たくさんの色を一緒にスタンプにつけるときは、なるべく薄い色からつけていくと、きれいにできます。

3

スタンプマットも 必須アイテム

スタンプと紙だけでなく、下に敷くマットがきれいに押すためのキーになります。安定して押せる環境を用意しましょう。

scissors & cutter & tape & glue

ハサミ&カッター&テープ&のり

ピッタリのものがあると、
感動するくらい作業が
楽になるジャンルです

仕事と家事、どちらでも「あ、ハサミ！」となるときってありますよね。そんなタイミングを解決してくれる小さくて多機能のハサミがたくさん出てきています。また、切ったり貼ったりするジャンルには「業務用」という大好きな文房具があります。本格的な機能を持った武骨なアイテムをわざわざ使うのも楽しいですよね。

ブッコローの
推しアイテム！
多才なハサミ

瓶のプラスチック蓋を
外すのも簡単です。

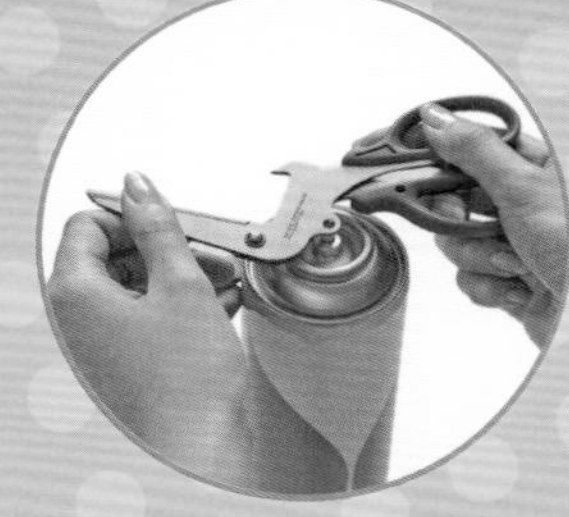

スプレーの解体にも対
応できます。

ペットボトルに刃を入れ、
切りやすい形状です。

ブッコローも絶賛し、かつてのフェアでも飛ぶように売れました。特殊な形状のハサミで、牛乳パックをスムーズに開いたり、調味料の注ぎ口キャップを簡単に外したり、スプレー缶のガス抜きをしたり、1本で10通りに使えます。

万能分別はさみ
メ サンスター文具
価 1100円
サ W60×D8×H170㎜
重 56g

フィットカットカーブは2012年に発売された大ヒット商品。当時は、私も1週間に100本ぐらい販売していました。片側のギザ刃加工とベルヌーイの定理を応用したカーブ刃で、薄いビニール袋や滑りやすい食材もスイスイ切れます。汚れたら丸洗いできるのもポイントです。

**フィットカットカーブ
洗えるチタン**

ⓜ プラス
価 1155円
サ W74㎜×H174㎜
重 67g
種 キャロットオレンジ、アップルグリーン、パプリカイエロー、マッシュルームホワイト、ピーチピンク

安全で衛生的な
キッチンの
必需品

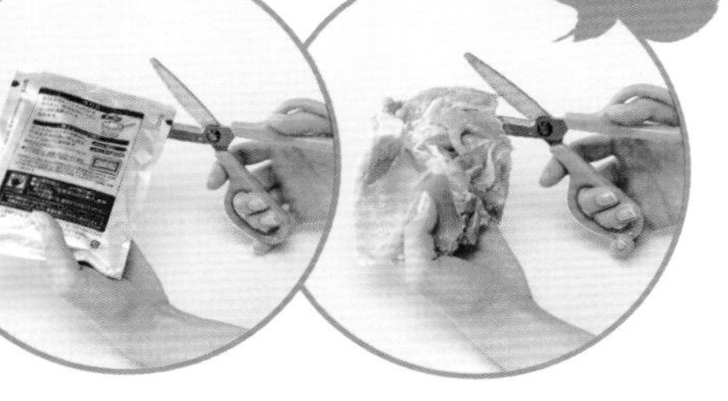

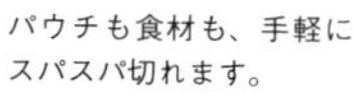

パウチも食材も、手軽に
スパスパ切れます。

小さくても
機能満載でパワフル

コンパクトですが、ハンドルが大きいので力を入れやすく、軽い力でサクサク切れます。段ボールオープナーに使えるギザ刃や、針金を切断できるワイヤーカッターなどの機能がついた有能ハサミです。アウトドアにぴったりのカーキがおすすめです。

携帯マルチハサミ カーキ

ⓜ ミドリ
価 1320円
サ W65×D11×H102.5㎜
重 37g

カッターとしても
使える
欲張りハサミ

PPテープなどの付属品はハサミモードで。そのまま返送するときもガムテープを切るなど、梱包作業にも活躍してくれます。

ハサミを使うことが多いけど、時々カッターとしても使いたいという方におすすめ。ハサミを閉じたままスイッチをスライドさせるとカッターの刃が出てくる仕組みです。段ボールをスムーズに開梱でき、中の荷物は傷つけないという絶妙な長さの刃が出てきます。

**2Wayハサミ〈ハコアケ〉
チタン・グルーレス ブラック**

ⓜ コクヨ
価 1430円
サ W74×H183㎜
重 71g

パッケル

㋱ オルファ
価 オープン価格
サ W20.5 × D34 × H105.9㎜
重 14.3g

もともとは厨房内での開封作業をより快適にする業務用として使われていましたが、満を持して一般家庭向けに発売。例えば、レトルトパウチを湯煎で温めたとき、トングのような形のパッケルでパウチを挟んだまま横に引っ張ると開封できる優れものです。

手を汚さず、食材にも触れずに切れるので衛生面でも重宝しますね。

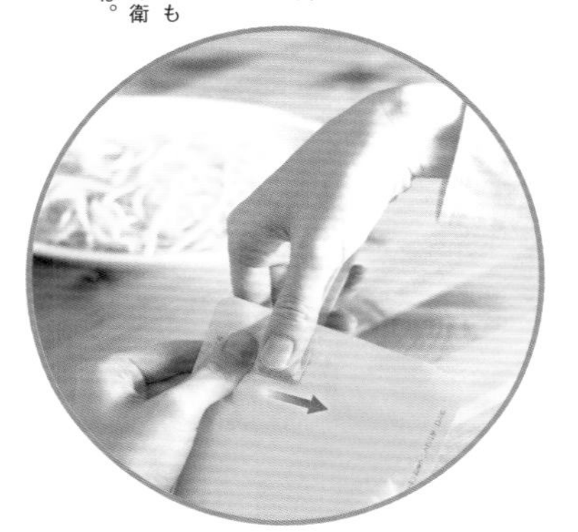

みんなに知ってほしい！開封が劇的に便利に

ミシン目ロータリー28

㋱ オルファ
価 オープン価格
サ W31 × D14.6 × H147㎜
重 30.3g

切り取り線になるミシン目が簡単に付けられるカッターです。用途が限られるために、あまり知られていませんが、ロングセラー商品です。YouTube内ではブッコローもテンションMAX！ 半券を切り取る際に味わえる、あの爽快な感覚がくせになっちゃいます。

一度使うとやみつきに。ブッコローも大興奮

切り取り線付きのチケットが簡単に完成。

ワイドA型 ビビッドブルー AR-1P（B）

㋱ エヌティー
価 オープン価格
サ W50 × D16 × H190㎜
重 39g

コンビニでも売っているお馴染み商品で、愛用しています。刃がオートロック式なので手間がかからず安全です。ビビッドな色合いのブルーが好きで、現場で作業するときはパッと目立って見つけやすい点もいいところです。

「目立つカッター」というだけで使い勝手が良いものです。

鮮やかなブルー×イエローが現場作業に最適

文具マメ知識

カッターの刃は、使うたびに折って使う

あまり知られていないのが、カッターはひと作業終わったら刃を折ってから使うものである、ということ。一度切ったカッターは切れ味が落ちていきます。カッターの刃を折るためだけの文房具もあるのでチェックを。

安全刃折処理器
ポキ／オルファ

特殊な構造で刃先を完全固定し、刃ブレのないカッターです。刃先を思い通りに動かせて気持ちよく切れるので、刃先を使った繊細な作業も思いのまま。革がそうめんのように細く切れるんですよ。

グランツ エクストリーム カッター
㋱ エスディアイジャパン
㊎ 1980円
㋚ W10 × D15 × 145㎜
㊭ 60g

レバーを倒すことにより刃を挟んで固定する特殊構造で、ブレのない切れ味に。

刃がブレないってこんなに気持ちいい！

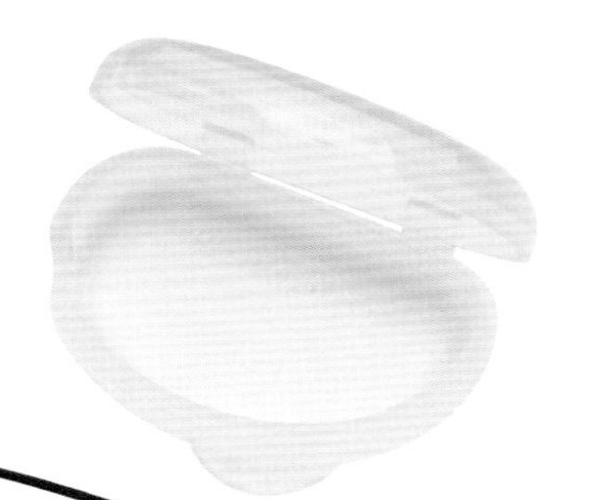

ちょこっと使いに便利な隠れヒット商品

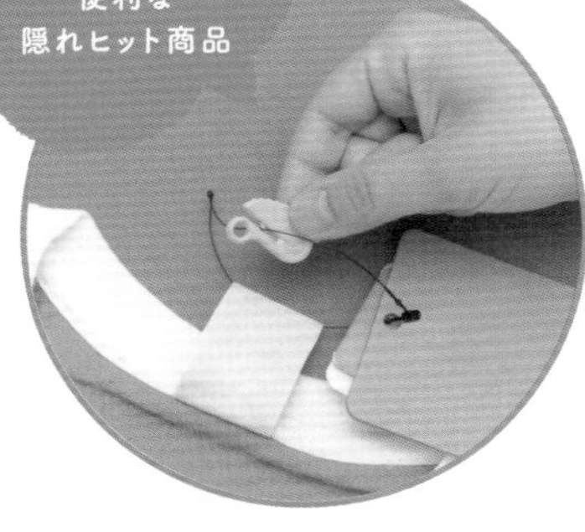

「ちょっと切りたい」に応えてくれる便利な道具です。

タグの紐やお菓子の袋などをちょこっと切りたいときに非常に便利です。カバーのキャラクターが猫なのか熊なのか不明ですが、ほっこりかわいいので癒やされます。

ストラップ付プチオープナー レッドST-300P（R）
㋱ エヌティー
㊎ オープン価格
㋚ W50 × D10 × H155㎜
㊭ 7g

布粘着テープの常識を覆した商品。コンパクトでかさばらないので、災害時の非常用持出袋に入れておくと安心です。パッケージやテープカラーがかわいく、登山や旅行の際にもおしゃれに持ち運べます。手で切ることができ、ネオンカラーは鉛筆でも筆記可能です。

OUTDOOR TAPE

メ ヤマト
価 649円
サ 50㎜幅×3m
重 51g
色 ネオンブルー、ネオングリーン、ネオンオレンジ、ネオンピンク、パステルグリーン、パステルパープル、イエロー、シルバー

パッケージもかわいくておしゃれ。

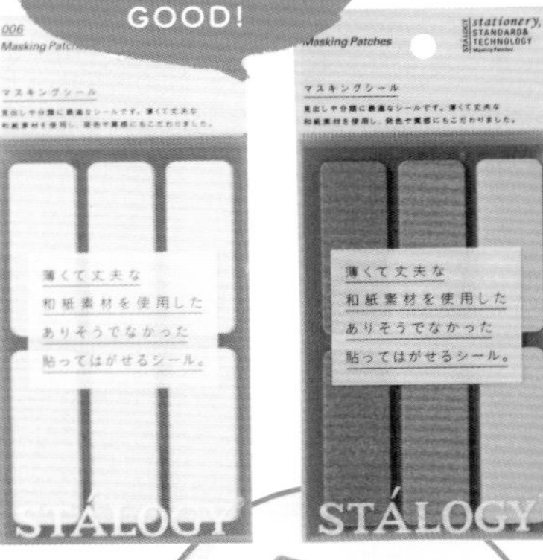

とても薄く、かつ丈夫な和紙素材でできています。発色が良いのもお気に入りです。同シリーズにさまざまな大きさの丸シールがあり、用途によって選べます。

STALOGY™
マスキングラベルシール

メ ニトムズ
価 275円
サ 20×55㎜
内 6片×5シート
種 全4種

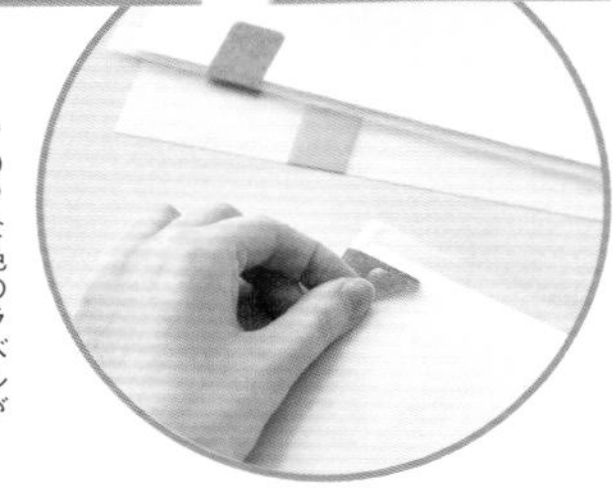

POPな色のラベルが簡単に付けられます。

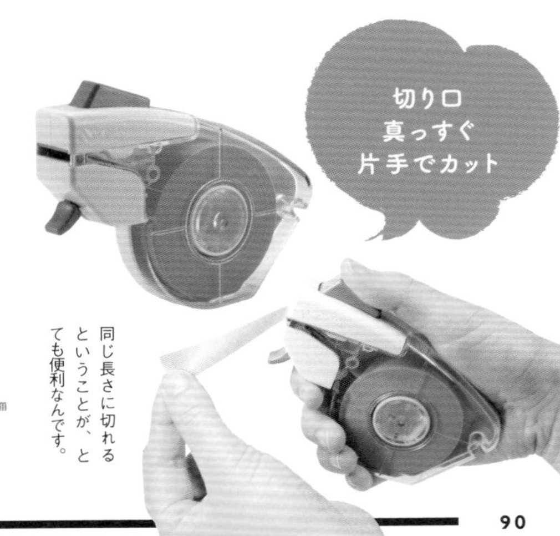

同じ長さに切れるということが、とても便利なんです。

片手で切れるので、ポスターの貼り付けなどの作業がスイスイはかどります。マスキングテープと両面テープの両方に対応しており、テープ面に触ることなくカットできるので便利です。切り口はギザギザしておらず、真っすぐ切れます。

テープカッター
プッシュカット™

メ ニチバン
価 1320円
サ W21×D104×H85㎜
重 44g
色 ホワイト

水性ペンやゲルインキペンでも弾くことなくきれいに書けるので、作業で使用すると、とてもはかどります。家庭の小さなテープカッターにセットすることができる小巻タイプです。

マステ®水性ペンで書ける マスキングテープ 小巻15㎜幅

メ マークス
価 396円
サ 15㎜幅×10m
重 18g
色 ブルー、ピンク、ホワイト、イエロー、グリーン、方眼ブルーグレー

いろんな用途で
大活躍の
なくてはならない
存在

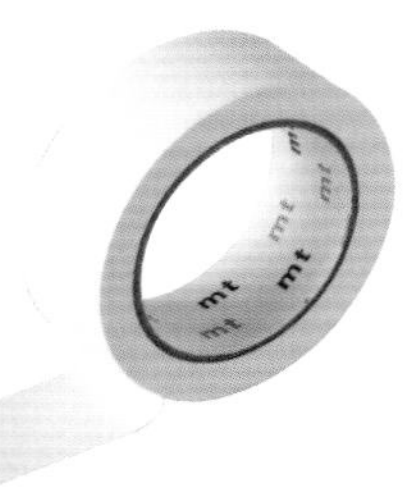

ホワイト・ブラック・ピンクの3色は、私が仕事でいちばん使う色。いたって普通のマステですが、常に手元にある相棒です。意外かもしれませんが、年間売り上げダントツ1位なのがホワイト。おしゃれさと実用性を兼ね備え、どんなシーンでも使いやすいからでしょうね。

mt 1P マットホワイト・マットブラック・ショッキングピンク

メ カモ井
価 176円（ショッキングピンク）／187円（マットホワイト、マットブラック）
サ 15㎜幅×7m

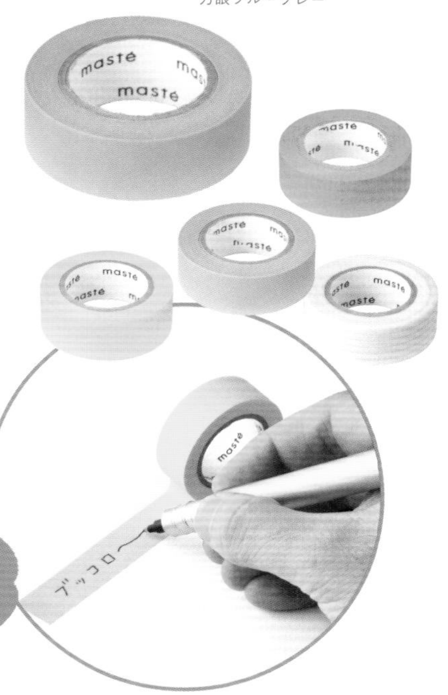

筆記具を選ばず
作業がはかどる
優れもの

レトロな竹定規に着目するところが逆に新しい！ ラッピングや手帳デコに使うとクスッと笑えます。正確な目盛りなので、職場のデスクに貼っておくと必要なときに物の長さをさっと測れます。フリマアプリの利用者やハンドメイド作家さんの梱包時にも便利そう。

何かと重宝。
本物そっくりの
竹定規マステ

mt e× 竹定規R

メ カモ井
価 231円
サ 20㎜幅×7m

黒板のように、チョークで書いて消すことができます。もちろん、貼ったりはがしたりできるうえ、好きなサイズで使えるので、インテリアやラッピング、手帳デコなど、アイデア次第でいろいろ楽しめます。あなたならどうやって使いますか？

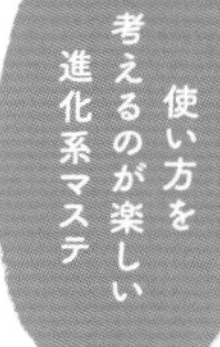

mt fab 黒板テープ ラベル MTBB004

メ カモ井
価 308円
サ 35㎜幅×5m
※現在製造中止

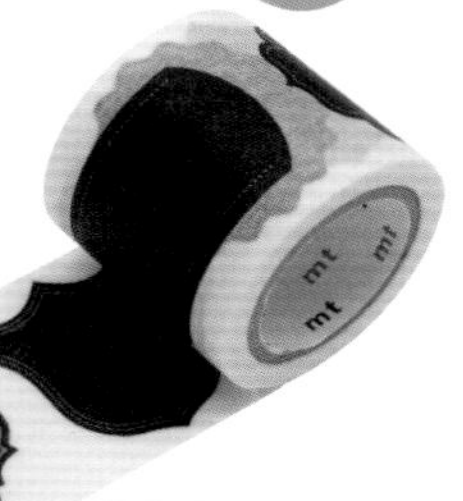

貼るのが
楽しくなる
ユズの香り

切り絵を貼るときには、これしかないというほど使いやすいです。

のりの匂いを嗅ぐのがくせなんですが、こちらはほんのりユズのいい香りがします。毛羽立ちやすく水分を吸いやすい和紙の特性に合わせて、とろとろのテクスチャーになっています。ちぎり絵や和紙を使った工作などに最適です。

和紙糊

メ ヤマト
価 594円
サ φ60×H55㎜
重 100g

蛍光色好きには
たまらない
ネオンイエロー

ブルーののり色で有名な消えいろピットに、蛍光イエローが仲間入り。蛍光色フェチの私はすぐさま購入しました！ ボディカラーも明るくおしゃれなので、ペンケースに入れておくだけでも気持ちが上がります。使うときももちろん、ワクワクです。

スティックのり 消えいろ
ピットS ネオンイエロー

メ トンボ鉛筆
価 132円
サ φ20×H87㎜
重 10g
種 全3種

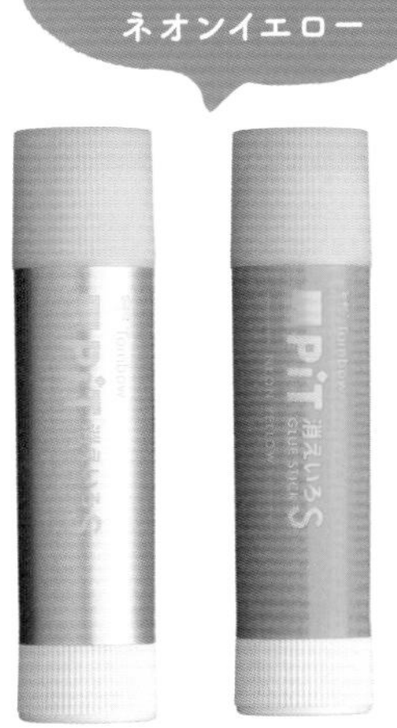

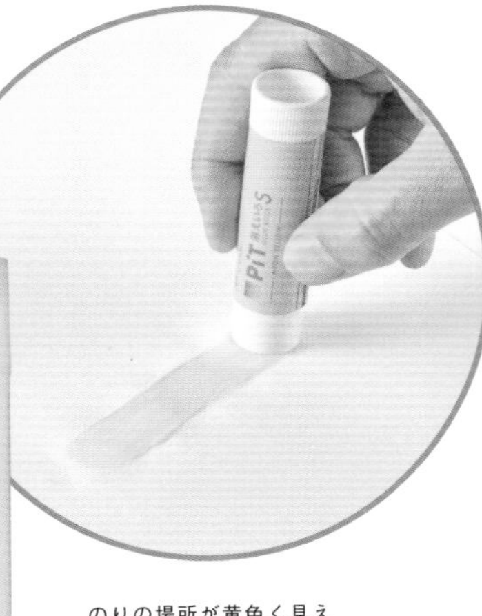

のりの場所が黄色く見えて、そのままにしておくと消えるのはいつ見ても不思議。

文房具を楽しむために役立つ

使い方のポイント

1

カッターマットは取り出しやすいところに

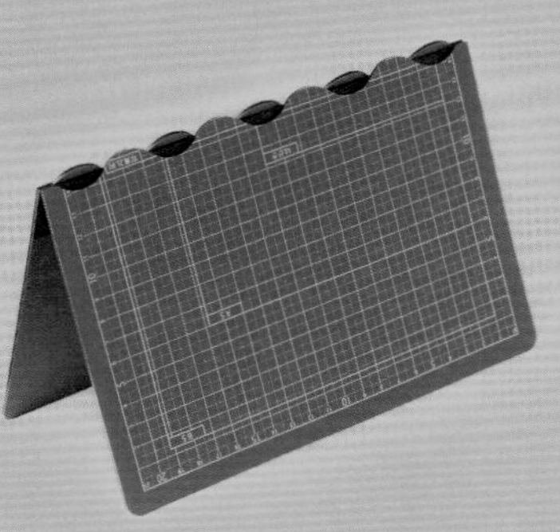

カッターマットがあるだけで、切るときのストレスが段違いです。持ち歩きやすい折りたたみ式のカッターマットも最近出ているのでチェックしてみて。

2

用途の幅が広い白いマスキングテープはマスト

白いというだけで、上から文字を書けて便利ですし、ちょっと目印にしたり、何かを留めたりするときにも余計な情報がなくて使いやすいんです。

3

スティックのりの進化も試してほしい

少し前までスティックのりは、はがれやすいというイメージがありましたが、進化をして、強粘着のもの、シワが出にくいものなどが開発されています。

人生教訓編

自分の人生というういちばんコントロール下におけるものを他人のコントロール下においてはダメですよ！

親友は気づいたらそこにいるもの。

恋は掴み取るもの!!

僕は興味がないジャンルがないんですよ。興味ありすぎ症候群という病気なだけです。

人間て引き際が大事、そこからは下がるから。

1年に1回、気持ちの切り替えができないときがあってそのときはネットカフェにこもって「どうせ死なないしな」って小さく呟く……。

偏愛っていいですよね。このチャンネルを支えているとこ。人が大好きなものを聞くのっておもしろい、そんなに好きなんだって。

文房具編

有隣堂しか知らない世界

ハイライト

HIGHLIGHT 01

大切な手紙に 便箋の世界

ブッコロー　事前の打ち合わせで、今回は岡﨑さんが「便箋はぜひとも担当させていただきます」みたいな感じでしたね。

岡﨑　昔、売り場で一人の男性から「便箋を選んでもらいたい」ってお話があったんです。「同僚に気に入った人がいる。食事に誘うお手紙を書いて渡したいから選んでください」って。

ブッコロー　重要な役割ですね。どれくらい前なんですか。

岡﨑　25年ぐらい前。選ぶのに1時間かかっちゃったんです。

ブッコロー　「これもいいし、これも素敵かもしれません」みたいになったら、その方もちょっと迷ったりして。最終的に岡﨑さんとその人が恋に落ちて、それが今の旦那さんってことですか?

岡﨑　違います。その方に「内容をどうやって書いたらいいのか」って聞かれて。相手の方がどういう人かも知らないし「自分で考えたほうがきっとうまくいきますよ」ってお伝えしたら「こんな人です」って、それから30分もその話が続いちゃったんです。

ブッコロー　それが岡﨑さんの「便箋でフリートークしなさい」って言われたら出てくるやつなんですね。

岡﨑　そうです、そうです。

ブッコロー　だから、便箋には並々ならぬ思いがあるぞと。ありがとうございます!　それではさっそくいってみよう!!

岡﨑　**クレイン社のレターセット**です。価格は便箋20枚と封筒20枚で4290円。

ブッコロー　高っ!!　でも、見た目はいたって普通ですけどね……?

岡﨑　いや、ちょっと分厚いじゃ

ない。**コットン１００%**なんですよ。

ブッコロー　コットン１００%……？ほかの便箋と違う……？

岡﨑　大体はパルプが多いけれど、これは**ドル紙幣の紙**なんです。

ブッコロー　ああ！　言われるとそんな気がする。

岡﨑　紙が厚めで、しっかりしている。**高級感があるからすごく大切な方へのお手紙を書くときに使っていただきたい**かな。

ブッコロー　……（書いてみて）便箋っていうよりカードに近いかも。紙がしっかりしているから、ボールペンより万年筆とかガラスペンのほうがいいですね。それぐらい重厚感がある。

岡﨑　ありがとうございます。続いては、**竹尾Dressco。オニオンスキンペーパー**です。

ブッコロー　オニオンスキンペーパー？

岡﨑　**「玉ねぎの皮みたいに薄い」**ってことです。

ブッコロー　へぇ〜！　わあ！　薄っす……‼　こんなのあんの？

岡﨑　軽量化を目的とされた紙で、昔のエアメールがこうした紙だったんです。

ブッコロー　はいはいはい。郵便って重さで値段が決まっちゃうから。薄くないと料金高くなっちゃいますもんね。だからこういう薄いものができたと。

岡﨑　一回、廃番になってしまったのを復刻してくださったんです。「竹尾」っていう紙問屋の商社さんが作ってくれたんですけど「薄くする」っていう職人さんの技に企業秘密があるらしいです。**ちょっと波打ってます**でしょ。

ブッコロー　そうですね。

岡﨑　それがまた紙好きにはたまらない。

ブッコロー　そうですか……（書いてみて）あーやっぱり、すごい薄っすいなって感じする。これはこれで味があっていいですね。

岡﨑　次は、**アウイアオデザインの白やぎレター**です。

ブッコロー　あれ？　こういうデザインってこと？

岡﨑　はい。最初からそうなっているんですよ。メーカーさんに「どうやって切っているんですか」って聞いたら、**手で切っているらしいです。食べた感じを出したいからみんなで切ったんです**って言ってて。

ブッコロー　ビリッビリッて……？書いてみますか。ちょっとざらざらの紙ですね……。しかも**封筒も食べられちゃってます**よね。

岡﨑　そうなんです。

ブッコロー　でも内側を見ると穴が開いてない。中のものが落ちないようにのり付けされていますね。ここから指が出せないし、外からも指を入れられないようになっている。

岡﨑　中に入れたときも切れている状態です。

ブッコロー　なるほど、**便箋を封筒に入れたら、ちゃんとちぎれたところが合う**んだ!!　これいいじゃん!!

岡﨑　すごくおもしろいんですけど、そこが切れてるので定型外になっちゃうんですよ……。

ブッコロー　ええっ……。どっかに注意書きしなきゃダメじゃないですか……。

続いて、次はどんな感じでしょう。

岡﨑　同じく**アウイアオデザイ**

ンの言葉之薬です。

ブッコロー　おもしろい。昔のお薬の袋みたいね。便箋に書いたあと、４つ折りにして薬包紙に入れるんですね。

岡﨑　**「言葉は薬になる」**からきています。元気が出る言葉とか薬になるような言葉を書いてください。

ブッコロー　この手紙も若干硬めですね。ちょっとパワーがいる感じの紙です。続いてお願いします。

岡﨑　**廣運館活版所の装飾罫線レターセット**です。周りの枠に昔の活版の金属を使っています。

ブッコロー　なるほど。昔ながらの印刷でやっているんだ。

岡﨑　**人の技や趣を表現して味がある**ところがいいところなの。

ブッコロー　便箋もいろんなものがあるんですね。

岡﨑　まだまだあるんですけど、Ｐが許してくれたのがこれだった。

ブッコロー　Ｐが許さなかった便箋が世の中には死ぬほどあるってことですね。

岡﨑　**死ぬほどあります！**

本編動画は
コチラ

便箋の裏世界

ブッコロー　岡﨑さんが「紙問屋の商社」って言おうとして「商社」って言えないのがいちばんおもしろかったですね！

岡﨑　「商社」って言えないって、普通はカットしますよね。

ブッコロー　Pの悪いところがねぇ。

岡﨑　この回は商品が売れて、けっこう売り上げにつながったんです。ウカンムリクリップとか。

渡邉　動画内でブッコローがラブレターを書くときに使ったウカンムリクリップが？

ブッコロー　便箋じゃなくて？

岡﨑　そうなんです（笑）

ブッコロー　これは他の回と違うところがあるんですよ。視聴者からのオーダーで叶った回なんです。

P　そうだ、生配信だ。

ブッコロー　「生配信で取り上げてほしいものはありますか」って聞いたら、「便箋」という声が多くて。「身近なのにまだやってないね」っていうので、やったんですよね。だから初めに念押しをしているんですよ。「本当に岡﨑さんでいいの？　有隣堂にもっと便箋にくわしい人いないの？」って。ガラスペンとかインクとかシーリングワックスとか、岡﨑さんが好きで愛していてくわしいものだったらいいんですけれど、MCとしてはちょっと不安で。「本当に便箋にくわしいのかな、ほかのバイヤーのほうがくわしい可能性ないかな」って話になって。
視聴者の方が「ぜひやってほしい」っていうところから作っていったという意味では、今までにあんまりない回でしたね。

岡﨑　そうですね。

ブッコロー　でも、岡﨑さん、もともと便箋好きですものね。紙が好きだから。

渡邉　動画で紹介した以外にも、色々と候補を出してくれていましたよね。

P　動画で紹介した中で僕の心に響いたのは「白やぎレター」だけでしたけどね。

岡﨑　そうですね。私が選んだもので売ってないものが多すぎちゃって。

P　そう。「エルメスの便箋」っていうのがあったの。でもあれは今買えないものだったんですよね。さすがにもう手に入らないものを紹介するのはどうなんだろうっていうのがあってやめましたね。だから「白やぎレター」くらいだったかな、響いたのは。

岡﨑　そうですね。エルメスの便箋は「Pが『これはいい』って言ってくれるよね」って言ってたんですよね。

渡邉　言ってましたね。

P　あれはもう絶対にいいもん。キャバ嬢に手紙を書くとかね。

ブッコロー　キャバ嬢に手紙を書くことないでしょ。

渡邉　キャバ嬢にそのままあげたほうがよかったかもですね。

この日はPの気合いが入ってたんですよね。雑誌の取材が入っていたから、服装がすごかった。

P　気合いが入っていた割には収録はイマイチだったなっていう。

渡邉　便箋のネタは視聴者リクエストですぐにやろうとなりましたけど、普段のネタ決めのときは、みんなで「これいいですね」ってときもあれば「もっとブラッシュアップしたほうがいいね」っていうときもありますね。

P　ダメなときもあればブラッシュアップするときもあるし、ケースバイケースですね。うちのチャンネルは案件を一切引き受けずに、企画がおもしろいかおもしろくないかで判断してます。「YouTubeの視聴者から見てどう感じるかな」っていう観点でいつも考えていますね。

YouTube 動画制作のナイショ話!?

参加スタッフ

岡﨑、ブッコロー、プロデューサー（P）、渡邉 郁（渡邉）

HIGHLIGHT 02

シーリングワックスの世界

ブッコロー　今回はこちら。シーリングワックスの世界！なんとなくは知っていますけど、どういうものですか？

岡﨑　ロウを溶かして手紙に封をします。

ブッコロー　見たことはあるけど、初めて触ります。硬いですね。**「開いてない」という証明**にもなるんですね。**厳重な感じ**がしますよ。これはどうやってやるんですか？

岡﨑　まずはシーリングスタンプ。この印面で溶かしたロウを押す。

ブッコロー　**鳥の柄（がら）が浮き出てくる**と。ほかには？

岡﨑　シーリングワックス、粒々したロウです。

ブッコロー　そんなにちっちゃいんですね！

岡﨑　それと、溶かしたワックスを入れるメルトスプーンです。ロウを溶かすのに使います。

ブッコロー　ロウソクだったり、ライターだったり、**用意するものは意外とシンプル**ですね。

初めてのシーリングワックスはこれ。このワックスは1個溶かす感じですか？

岡﨑　4個から5個は必要ですね。

ブッコロー　温めるとロウが溶けるので、溶けたロウを垂らして印面をギュッと押す。

岡﨑　10円玉ぐらいの大きさに垂らして、その上に印面をそっと載せる。で、シーリングスタンプの向きを……。

ブッコロー　黙って、黙って。まず温めさせてよ。

岡﨑　先に注意を言っておかないと、**どんどん固まっていってしまう**ので……。

ブッコロー　はい。

岡﨑　今回はロウソクではなくてエンボスヒーターを使って温めます。10円玉ぐらいにタラーッと垂らします。

ブッコロー　はいはい。

岡﨑　向きをちゃんと見て、ハンコみたいにそーっと置いて6秒ぐらい。外の気候に合わせるんです。今日は涼しいので6秒くらいで。

ブッコロー　え、**そんなうどん作るみたいな話なんですか。**岡﨑さんが予想するに、この部屋の湿度と気温的には6秒と……？

岡﨑　そしたら手を離して。手を離してっていうか、あの、ポンッて置いて。

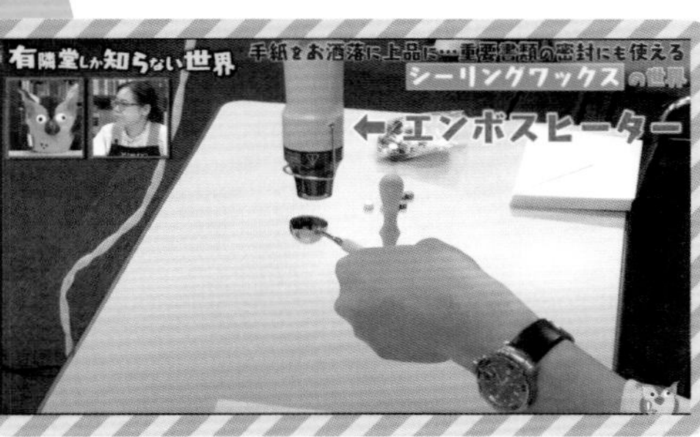

ブッコロー　大丈夫です！　大丈夫です!!　いい年の中年なんで大体のことはわかりますから！

岡﨑　載せたら離してください。

ブッコロー　すぐ離すのね。はいはい。1、2、3、4、5、6で。

岡﨑　ポンッて取る。出来上がり。

岡﨑　それでは実際にやってみましょう。まず、かたまりが全部溶けるまで加熱します。

ブッコロー　食べ物で例えたら？

岡﨑　チーズフォンデュ。

ブッコロー　わ、わかりやすい……！　（溶けてきたロウを見て）いいんじゃないですか？　もういいかな。いってみようかな。……1、2、3、4、5、6。お、意外といいんじゃないですか。はい。……**ああー!!**

岡﨑　……ひどくないですか。これ。

ブッコロー　もう一回チャレンジしていい

ですか……？

岡崎　じゃあ、スタンプの印面を変えて再チャレンジしてみましょう。

ブッコロー　ええ！　変えられるの？　考えられてるーー!!

岡崎　「サンキュー」にしてみましょうか。

ブッコロー　印面の種類はたくさんあるんですか？

岡崎　ハートや星、クローバーとか、お手紙に向いているデザインがありますね。**自分でもオリジナルが作れる**んですよ。

ブッコロー　このロウは混ぜてもいいですよね。マーブルっぽいやつが作りたいな……青が1。白を2。これはシルバーかな。ブラウンかな？

岡崎　シャンパンゴールドですよ。

ブッコロー　もういいかな。いってみようか。……3、4、5、6、7……。

岡崎　……**長いですね。**

ブッコロー　8、9、10、11……あっ！　やっぱり岡崎さんの言ったとおりにしないとトラブルが起きる。ダメですね。あっ!!　やばい!!　盤面を見るの忘れてた!!　逆サンキューになってます……。

岡崎　だから言ったじゃないですか。

ブッコロー　でも、マーブル自体はすごくきれいにできていますよね。

岡崎　ほんとだ。すごい!!

ブッコロー　次は何を作ろうかな。これは

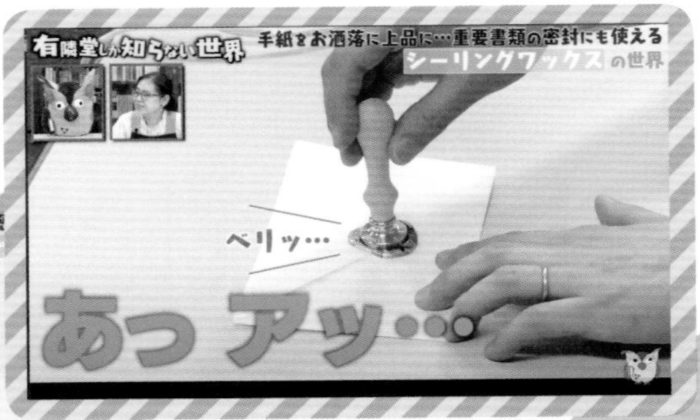

……花瓶ですか？

岡崎　花瓶の中にドライフラワーを入れるんですよ。好きな色のロウで押しますよね。そこにお花を1本さして、その上から透明なロウをちょっと垂らします。

ブッコロー　かわいい感じのピンクでいきますよ。ロウをメルトスプーンに入れまして……難しいぞ。ここはもう無心。何も考えなくていいの。とにかく垂らすことに集中します。とにかく盤面を見ないと。……ああっやばい!!　**カウントするのを忘れてる!!**

透明のワックスは2個くらいですか？

岡崎　2個でいいかな。でも全部かけなくてもいいんですよ。

ブッコロー　なるほど。透明ワックスを流し込んじゃいますね。

……岡崎先生、確認をお願いします。

岡崎　はい。あ、すごくきれい。

きれいですよ。この色合いがすごくかわいいですね。

有隣堂しか知らない世界
手紙をお洒落に上品に…重要書類の密封にも使える
シーリングワックスの世界
かわいいですね

ブッコロー　**お客さんに手紙を出すお仕事の方は向いているかも**しれないですね。大切な手紙に封をするのがいいんじゃないですか。

本編動画はコチラ

リングワックスの裏世界

P この回はおもしろかったですね。なんでおもしろかったんだろう。

ブッコロー なんだろう。おじさんが何かを初めてやるとおもしろいんですよ。トラブルが起きるから。

渡邉 私も「やってみる系」がすごく好きですね。ブッコローが字を書く場面もそうですけれど。

岡﨑 真剣にやって何か事件が起きると「おもしろいな」って。

渡邉 岡﨑さんはシーリングワックスをすごくやりたかったんですよね。ガラスペンの次に岡﨑さんの中でブームがめっちゃ来たものですよね。

ブッコロー シーリングワックスって、最近もやっていますか？

岡﨑 ワークショップをやっていますよ。このくらいのときから、「次は何が流行るかな」っていうのを考えるようになりました。

ブッコロー 今年、これから来るやつを教えてくださいよ。

岡﨑 え。それね。みんなに聞かれるんですけど、ちょっと今……ないんですよ。

ブッコロー （笑）めっちゃありそうな「間」で「ない」って言うの、やめてもらっていいですか。

岡﨑 悩みの種なんですよ。パッと出てこない。

ブッコロー 「今これから来るやつ」が枯れてる状況ですね。

P これから出てきますかね。

岡﨑 出てきますね。きっと。

ブッコロー この後、ブッコローシーリングワックスもグッズとして出ています。売れているし、評判高い。

岡﨑 ただね、大量生産ができないんですよ。私も含め社内でスタッフが手作業でセットを組んでいるから。つぶつぶを数えたり、ワックスを袋に詰めてセットにしたり。

ブッコロー え！ 岡﨑さんたちがセットしてるの!?

岡﨑 でも最近忙しくてなかなか……。

参加スタッフ

岡﨑、ブッコロー、プロデューサー（P）、渡邉 郁（渡邉）

YouTube 動画制作のナイショ話!?

シー

ブッコロー そういうの、僕やりますよ。つぶつぶ数えたりするの。あ、郁さんの息子さんに頼めばいいんじゃないですか。

渡邉 ああ、そうですね。あの子やりますよ。内職で。

岡﨑 すいません、ありがとうございます。この動画の頃、シーリングワックスはすでに流行っていたんですけど、店舗でこれを扱っているところがそんなになかったんです。ネットとかで販売してたんですけど、きっかけはやっぱりこの動画かなって、すごく思ってしまったんですよ。

渡邉 この動画のあとに、お店で売るところがちょこちょこ出始めたんですよね。

岡﨑 この動画で紹介したFooRowというメーカーさんも、すでにロフトさんとかハンズさんとかで扱っていたんだけど、この動画が流行ってからバーンと伸びたって言ってました。

P えーー！ それは自惚れですよ。

岡﨑 ハンズさんに言われたんですよ。

P そんなことはないですよ。だって36万しか回ってないんですよ。1000万回ったって言うならまた別ですけど。

岡﨑 え～私は100回見たって聞いても「すごいな」って思うんですけどね。文具の動画って。

渡邉 確かに、好きな人にちゃんと届いた感じがしますね。

ブッコロー 「シーリングワックスがちょっと気になってるんですよね」っていう人や、「シーリングワックスをもらってずっと気になっているけど、これってどうやって使うのかな」「どこに売ってるのかな」って、気になっていた人にも見てもらえたのかなって思いますね。

P 「封蝋」の存在は昔からあったわけだからね。なんとなく知っていると思うけど、それが現代社会でも存在していて、実用的でもあるというのはね。

ブッコロー 「こういうふうに使える」っていうのは情報としてもすごくよかった。中身もね。

P 岡﨑さんの愛も伝わってよかったかな。

個性派揃い！

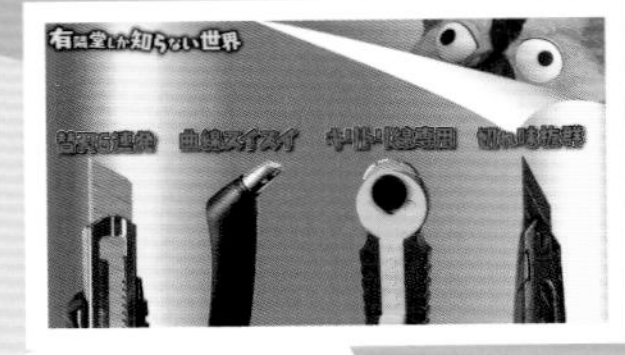

HIGHLIGHT 03

カッターの世界

キリトリ線が簡単にできる、重くて切れ味超絶などなど…

NTカッター
L-2500GRP
価格：3080円

ブッコロー　今回は『カッターの世界』。カッターでそれほど世界広がります？

岡﨑　カッターって、みんな1本は持っているじゃないですか。

ブッコロー　いつ買ったか覚えてないいんですよね。**いつカッターんだろう。**

岡﨑　絶対言うと思いました（笑）。まずは**NTカッターL-2500GRP**です。

ブッコロー　なんですか、その**車の車種名みたい**なやつ。

岡﨑　これはすごいんです。6連発の刃が内蔵されているんですよ。

ブッコロー　6連発の刃ってどういうことですか？

岡﨑　今、刃が最後の1枚にセットされているんです。これをつまんで取ってみてください。

ブッコロー　つまんで出す。おおっ簡単！

岡﨑　スライドするところを最後まで引いてください。戻すとカチャッて言いますよね。すると**新しい刃がセット**されています。

ブッコロー　ほんとだ。これはすごいわ！

岡﨑　これ、**6回できる**んです。中に替え刃が6本も入れられるんです。

ブッコロー　おお!! たくさん入っている!! かっこいいですね。……でもそんなに刃は替えないよね。僕、貧乏性なんで。本気で切れなくなってからしか刃を折らないんです。

岡崎　それはね、カッターに失礼ですよ。

ブッコロー　そんなもんですか？　……続いてお願いします。

岡崎　**ミドリの一枚切り抜きカッター**です。

ブッコロー　これ、見たことない形状している。

岡崎　手にフィットする形状になっていて、刃先がほんのちょっとだけ出ているんです。それを紙に当てると一枚だけ切れます。その刃が360度くるくる回るんです。

ブッコロー　クルーンってできるってことですか。難しいな。……この「くるくる」っていうのをちゃんと使いこなせると自由な形に切れるようになりますね。

岡崎　雑誌で「ここだけ切り抜きたい」っていうときに、そこだけ切り取れます。

ブッコロー　おいくらですか？

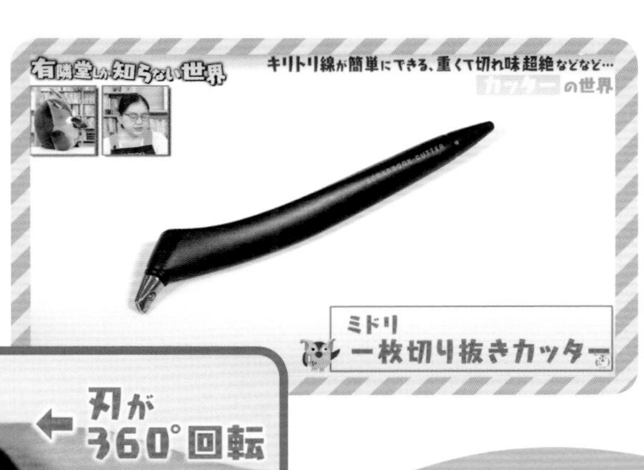

岡崎　1100円。

ブッコロー　オーソドックスなカッターナイフっていくらぐらいですか？

岡崎　200円とか……？

ブッコロー　200円で買えるのか。確かにちょっと高いですね。ニッチですけど**ほしいっていう人は必ずいる**気がします。

岡崎　続いて、**オルファのミシン目ロータリー**です。ミシン目に切れる刃がついています。楽しくてくせになっちゃいますよ。まずは切って、それをピリーッて切り離してみてください。

ブッコロー　（切ってみて）**ああっ!! これはほしいっ**……最高じゃないですか。コレ、めっちゃほしい!!

岡崎　上に「キリトリ」とか書いちゃうと、もっと楽しいですよ。

ブッコロー　（キリトリと書いて、破りながら）アハハハハ！「キリトリ」って初めて書いちゃった。これはうれしい！例えばチケットを自分で作って「はいどうぞ」ってできる。もしかすると今まで紹介した文房具のなかで、いちばんテンション上がった可能性あります。僕、車輪チックなやつに弱いですからね。おいくらですか。

岡崎　1056円です。

ブッコロー　1056円。まあ、いいでしょ。楽しませてもらったなら。もう**これは「高い」とか言ってられない**です。

岡崎　次は**SDI JAPANのグランツカッター**です。60gで、少し重いんですけど、重たいほうが切るものに対して無駄な力が入らないので、とても切りやすいんです。横を見ると、ロックがかかるようになっています。**ロックをかけると同時に刃を押さえることができる**んですね。先がブレないから、さらにすごくよく切れる。それでは切ってもらえますか？

ブッコロー　革を切るんですか。

岡﨑　以前革を細工したときに、驚くくらいよく切れたんです。ラーメンみたいに細く切ると、違いがわかりやすいかもしれません。

ブッコロー　じゃあ、まず普通のカッターからいきます。

……やっぱり一発じゃいけないね。でも革でも切れると言えば切れますね。じゃあグランツカッターいきます。

……うわ、**めちゃくちゃ切れる**な、これ。

岡﨑　驚くほどいい切れ味ですよね。

ブッコロー　切れ味が良すぎて、マジでラーメンみたいなのが作れるじゃないですか。

岡﨑　先端が**30度**と細いので、**細かいものを細工したい方に向いてます**ね。

ブッコロー　「細かい作業やりやすいよ」って言われても**「嘘でしょ」って思うけど、やったらわかります。**

いや、カッターもね、ひと言でカッターって言ってもいろんなカッターがある。**「おもしろカッター」**っていうことかな。

本編動画は
コチラ

カッターの裏世界

ブッコロー　やっぱりみんな文房具が好きですね。この動画も、改めてフラットに見ると、カッターナイフがほしくなりますね。ミシン目カッターとグランツ、両方ほしくなっちゃう。

岡﨑　「有隣堂しか知らない世界」で紹介されたものを集めてフェアをやったんですけど、そのときにミシン目カッターも売れていました。ずっと昔からあって「何に使うんでしょう？」っていうものも、ブッコローが消費者代表みたいに紹介して「やっぱりいいね」ってなると売れるんですよ。

ブッコロー　え？　ブッコローが「いい」って言ったら売れるんですか？

岡﨑　文房具じゃないですけど、野菜の皮をむくピーラー。あれも年間を通して売れています。岡﨑百貨店ができたときの動画「［悲願の出店］岡﨑百貨店の世界～有隣堂しか知らない世界122～」で、岡﨑百貨店に来てくれたときに紹介してくれたんですよ。ちょっと扱ってくれただけで売れるんですから。

ブッコロー　やばいですね。このままだと、変な企業にチャンネルが買収されるかもしれない。

渡邉　インフルエンサーじゃないですか。

ブッコロー　本当だ！　インフルエンサーじゃないですか！

岡﨑　ここで紹介されて「いいね」って言われたものは本当に売れますね。

P　だからといって、すべてのものをいいって言っているわけではない。素直さを大切にしているのがこのチャンネルの魅力ですよね。

岡﨑　食いついてくれるところが少しでもあったら「おもしろいね」って売れるっていう。

渡邉　ミシン目カッターは昔からある商品で、岡﨑さん的には普通の商品だったから、当初候補に入ってなかったんですよね。「これおもしろいから入れてください」って言った記憶があります。私も知らなかったから。

ブッコロー　ザキさんの中では「こんなの皆さんご存じでしょ」って感じだったんですか。

岡﨑　「何十年も前から売ってるから」みたいな。

ブッコロー　めっちゃ歴史ある！　「ここ3か月くらいで出た」みたいな顔をしてるのに！昔からあったものにスポットライトが当たるっていうのはあるんですね。

YouTube動画制作のナイショ話!?

参加スタッフ

岡﨑、ブッコロー、プロデューサー（P）、渡邉 郁（渡邉）

CHAPTER 3

偏愛
文房具の世界

くせつよ文具

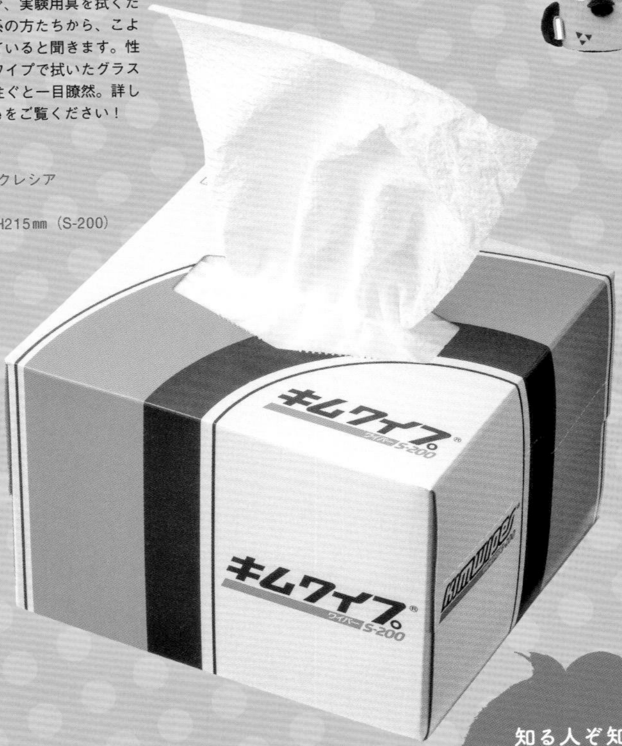

知る人ぞ知る
高性能
ティッシュ

記念すべき第1回のYouTubeで紹介しました。毛羽立ちにくいティッシュなので、実験用具を拭くために使う理系の方たちから、こよなく愛されていると聞きます。性能は、キムワイプで拭いたグラスにビールを注ぐと一目瞭然。詳しくはYouTubeをご覧ください！

キムワイプ
メ 日本製紙クレシア
価 231円
サ W120×H215㎜（S-200）

くせつよ文具を持てば
注目の的になること
間違いなし！

くせつよ文具はどちらかと言うと機能というよりも見た目のインパクトや、発想のおもしろさが前面に出ているのが特徴です。このためとにかく和んだり、癒やされたりして、文房具の幅広さや懐の深さをじわじわと感じずにはいられません。使い方だけではなく、いろいろな楽しみ方ができる、そんな愛すべきものたちです。

プライベートで行った「磯フェス」にて平野元気さんのブースをたまたま手伝うことになり、そのお礼としてプレゼントしてくれた宝物で、有隣堂の「有」の字になったガラスペンです。有隣堂のロゴと同じフォントで作られていてかわいいんです！

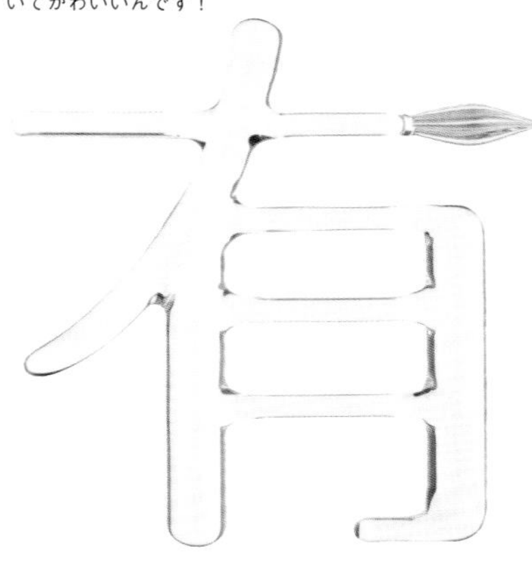

ガラスペン O・有
Seed Lampwork
※有は非売品です。Oは現在、廃番となっています。

約45㎝の直線の状態でペン先を加工してから曲げ加工を施したそうです。見るからに書きづらいのはわかりましたが、岡崎の「O」だったので買わない理由がありませんでした。

伝統工芸士の大寄智彦さんは、宝石彫刻研磨界の若手ホープです。石が好きなので、鉱石の展示会で出会い、オリジナルで制作してもらいました。ペン先まで丁寧に研磨した鉱石でできています。鉛筆に見立てているので、軸は六角形で先端にはルビーを入れてもらいました。

ペン先も軸も
天然水晶で
できたつけペン。
どちらも一点もの！

岡崎百貨店
オリジナル甲州水晶貴石ペン
ラピスラズリ（上）
貴石彫刻オオヨリ
価 253000円
他 軸：天然水晶
軸の間：ラピスラズリ
軸の尾：フローライト、天然水晶、ルビー、人工オパール

岡崎百貨店
オリジナル甲州水晶貴石ペン
シトリン（下）
貴石彫刻オオヨリ
価 283800円
他 軸：天然水晶
軸の間：シトリン
軸の尾：シトリン、ルビー、人工オパール

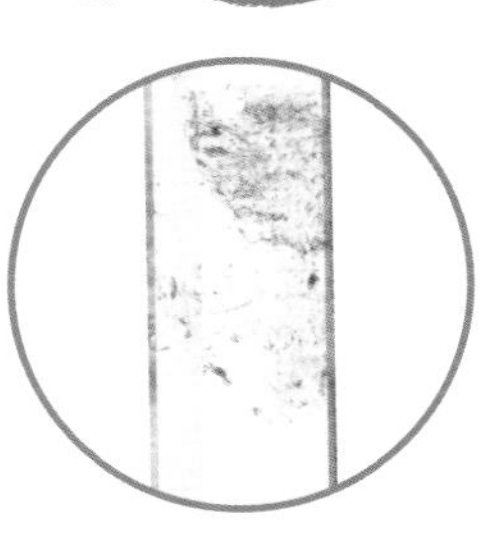

自然の水晶に、入念な研磨が施されることで芸術的な煌めきが増す。

本気？ ネタ？
真意不明の
おもしろ文房具

ブッコローがすさまじく推していた、デザインのくせが強いボールペン。上部に付いている謎の車輪は真っすぐな線を引くためのもの。紙に車輪を押し付けるとペン先が出てきて、そのまま動かすと、定規を使わなくてもほぼ直線が引けます。「ほぼ」というのがミソです。

線を引きたい方向にペンを移動させると直線が引ける。真っすぐな線を引くためには少しコツが必要だが、何回か練習するとブレない線になる。

三代目直記ペン
メ 協和工業
サ φ14×H167㎜
重 12g
色 ブラック、レッド、ブルー
※現在は廃番となっています。

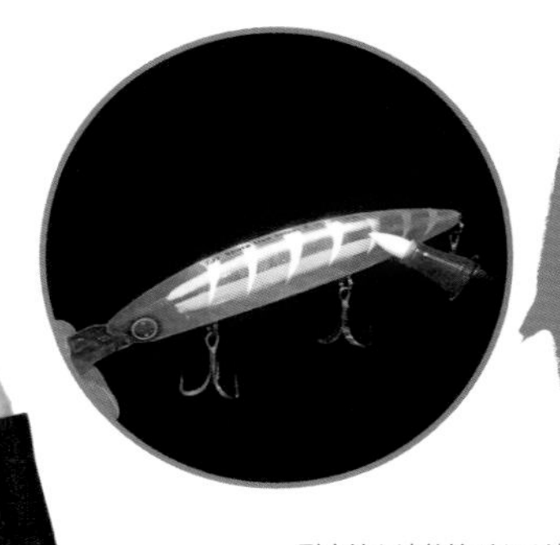

釣り人必携！
ルアー着色と
蛍光加工ができる

耐水性と速乾性がある油性のマーカーです。紫外線で光る蛍光塗料は暗い水の中にいる魚に効果的だと言われます。ルアーや小さな部品の曲面を塗りやすいように、ペン先は筆ペン仕様になっています。天候や水の濁りに合わせて、現場で色変えすることも可能。

イレグイマーカー
メ シヤチハタ
価 605円
サ φ13×H138㎜
重 18g
色 全9色

定規に施された小さい穴をのぞくと、不思議と焦点が合って、見えにくい文字がよく見えるようになります。サンスター文具さんが発売する商品は、ひねりがあってとても好きです。

室内で普通に見る場合は大きい孔を使用するが、野外やプロジェクターなどの発光体を見る場合は小さい孔を使用する。

メガミエ
メ サンスター文具
価 330円
サ W160×D2×H33㎜
重 15g

テンプレートをなぞるだけで、箔押しの星座が簡単にデザインできるのでプレゼントにも最適。

箔素材をグッと身近にしたアイデア商品です。シートの上からボールペンでなぞるだけで、箔が転写できます。テンプレートを使うとおしゃれな文字や絵が簡単に描けるので、メッセージカードや招待状がワンランクアップします。

煌葉-kiraha-(mini/アソート)
メ KANMAKI
価 880円
サ W128×H148㎜
内 煌葉-kiraha-3枚（各色1枚）、テンプレート紙1枚、ハガキ1枚
色 ゴールド、シルバー、カッパー

YouTube内ではブッコローの反応がイマイチだったおもしろ鉛筆。私は見つけたときに歓喜しましたが。通常の約半分の長さの鉛筆がヌンチャク型につながっています。もったいなくて新品のまま保管していますが、鉛筆を削って振り回したら確かに危ないですよね……。

ヌンチャク鉛筆
メ アイボール鉛筆
価 77円
サ φ7×H93㎜
重 4.82g
色 レッド、ブルー、グリーン

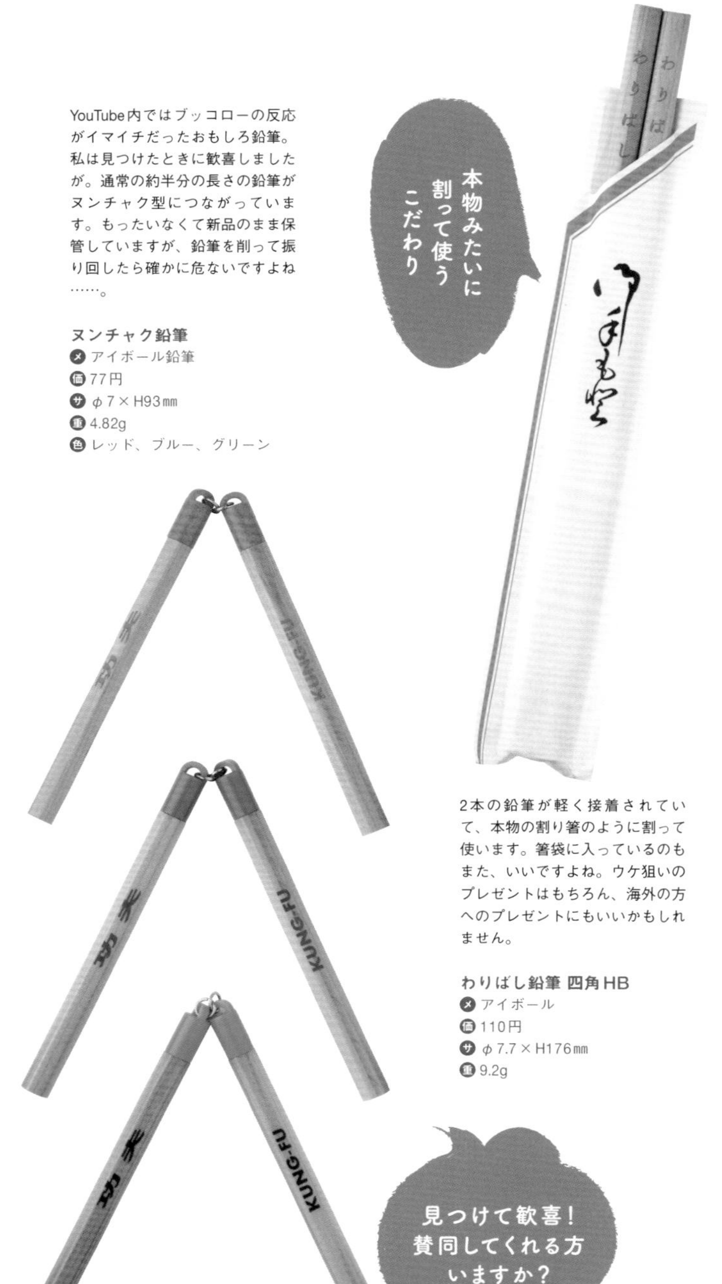

2本の鉛筆が軽く接着されていて、本物の割り箸のように割って使います。箸袋に入っているのもまた、いいですよね。ウケ狙いのプレゼントはもちろん、海外の方へのプレゼントにもいいかもしれません。

わりばし鉛筆 四角HB
メ アイボール
価 110円
サ φ7.7×H176㎜
重 9.2g

アイボール鉛筆さんは、鉛筆が好きすぎて多種多様な個性派鉛筆を発売しています。その中でも、ダイナマイト鉛筆とヌンチャク鉛筆が私は大好きです。安価なこともあり、思わずコレクションしたくなります。

ダイナマイト鉛筆
メ アイボール鉛筆
価 55円
サ φ7.5×H88㎜
重 2.01g

やわらかい芯を使っていて、くねくね曲げても折れません。どうやって持つのが正しいのか、果たして鉛筆と呼んでいいのか、こちらが困惑してしまいます。でも、このくだらなさがたまらなく愛おしいのです。

クネクネ鉛筆 丸軸
メ アイボール鉛筆
価 110円
サ φ6.8×H176㎜
重 10.52g

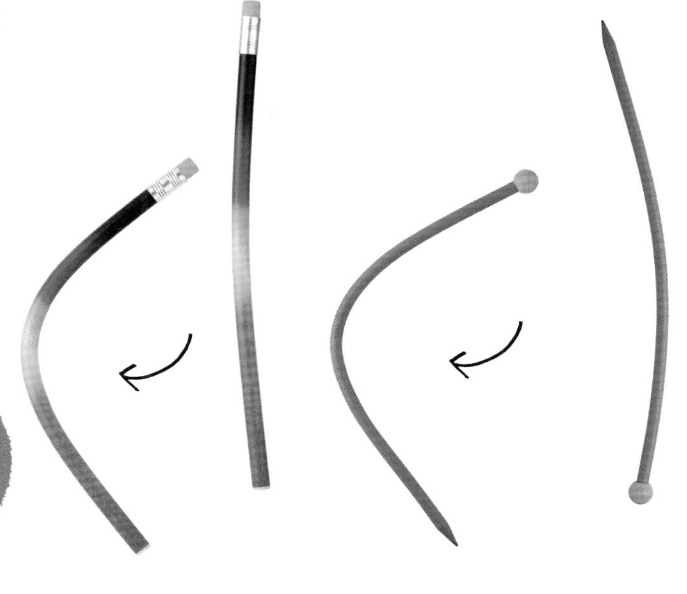

もはや
鉛筆なのか？
あるまじき形状

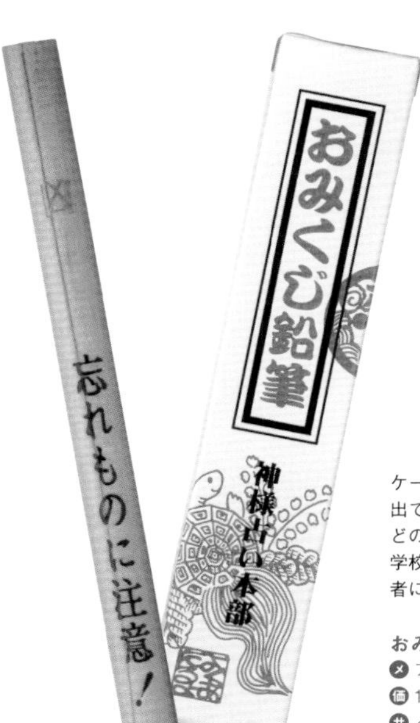

今日の運勢は？
みんなで楽しめる
おみくじ鉛筆

ケースを振ると穴から細い鉛筆が出てきます。鉛筆には「大吉」などの運勢と今日を占うひと言が。学校に持っていけばみんなの人気者になれそうですね。

おみくじ鉛筆
メ アイボール鉛筆
価 110円
サ φ4×H87㎜
重 7.56g

普通に持ち歩いていると、どこから見ても出前のおかもちにしか見えない。

YouTubeの変な文房具対決で取り上げるアイテムを探しているときに見つけました。唯一の文房具らしさはフロントドアがホワイトボードになっていること。耐久性は抜群なので、中身をしっかり保護してくれます。どこに持ち歩いても周りから注目されますよね。

オカモッティ WBタイプ
メ ジオデザイン
価 35090円
サ W260×D260×H395㎜
重 2kg

街中でこれを持っている人がいたら声をかけてしまいそう

SNSにアップ必至
誰かに見せたくなるトリックワールド

錯視トリックノート「NOUTO」(改訂ベスト版) by Mozu
メ ノウト
価 1320円
サ W179×D4×H252㎜
重 130g

ミニチュアアーティストMozuさん作の錯視トリックノートです。平面に書いた文字や絵が、写真に撮ると浮き上がって見えたり、飛び出して見えたりします。ノートに書いた落書きというコンセプトで制作されているのも興味深いです。

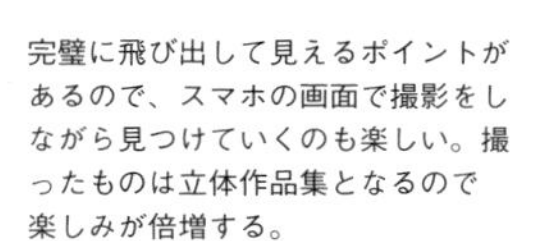

完璧に飛び出して見えるポイントがあるので、スマホの画面で撮影をしながら見つけていくのも楽しい。撮ったものは立体作品集となるので楽しみが倍増する。

文房具を楽しむために役立つ

使い方のポイント

1

くせつよ文具は妄想しながら楽しむ！

機能を飛び越えたおもしろさを持つくせつよ文具は、「これに使えるかも!」という新たな可能性を考えるのも楽しみの一つです。

2

会話のきっかけにくせつよ文具を使う

周囲の注目を集めやすい文具のため、使っていると会話のきっかけにもなるので、集めるだけでなく、たくさん人のいるところでこそ使ってほしいです。

3

子どもの世界でも大ウケ間違いなしのくせの強さ

子どもの頃から変な鉛筆とかが大好きだったので、くせつよ文具は子どもの世界ではヒーローやヒロインになれるほどのパワーがあると思います。

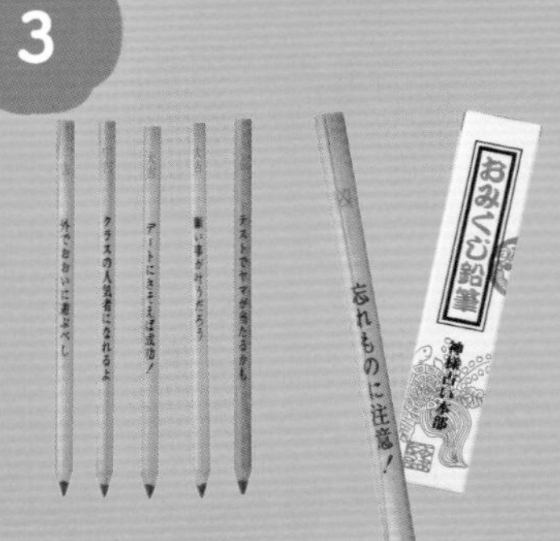

Luminous Stationery

蓄光文具

4つのサイズの収納箱が入れ子で入っています。蓄光グッズは小物が多いのですが、たっぷり入るサイズ感がうれしいです。暗い所で光るので、救急箱として使ったり、避難道具を入れたりしておくと便利。釣りのルアーケースとしても重宝するそうです。

ペンコ ストレージ コンテナー グロー
メ ハイタイド
価 2750円
サ W207×D54×H140㎜（M）
重 645g（4つのボックス合計）

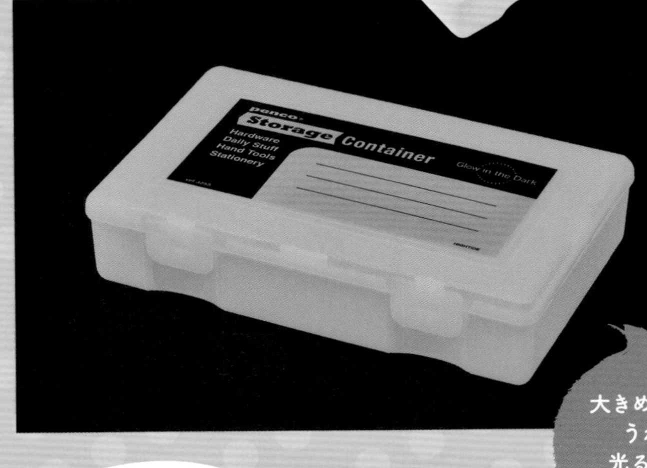

大きめサイズがうれしい光る収納箱

暗闇でも探せるのでなくす心配がありません！

蓄光文具が大好きな私の自宅は、部屋の明かりを消した瞬間にいろいろなところに忍ばせている蓄光文具が光りだすのですが、これがたまりません。光りものがつまでも楽しめます。機能として光らせているもの、美しさを際立たせるもの、ただ遊び心で光らせるものなど、バラエティに富んだ蓄光文具が揃います。

a

アルメニア製の万年筆ですが、ペン先はお馴染みのドイツ・シュミット社のものを使用しています。本体が蓄光ですが、そのままでもアクリル樹脂が練り込まれたラメのメタリック素材がキラキラと輝いています。軸が角ばった形状で、机の上に置いても転がりません。

ブリオレット ルミナス 万年筆
メ ベヌー
価 22000円
サ φ17×H137㎜
重 20g
軸 ブルー、アンバー、ジェイド、サファイア、オーキッド

b

お菓子の袋留めやレシートの整理、資料をまとめたりするのに使えるプラスチック製のクリップです。グロータイプは暗闇でもクリップしたものの場所が一発でわかるので、ハザードマップや非常時のメモを挟んでおくといいかもしれません。

ペンコ プラクリップ グロー
メ ハイタイド
価 242円
サ W100×D30×H65㎜
重 18g

c

蓄光グッズというと少しおふざけが入っているものが多いですが、これは三菱鉛筆さんが真剣に作った蓄光式のボールペンです。災害の停電時でもすぐに見つかるように軸の部分が光ります。廃番となってしまった希少品です。

ひかりん坊
メ 三菱鉛筆
価 515円※当時の税（3％）価格です
サ φ11×H139.1㎜
重 7.9g

d

つけペン・ガラスペン用の蓄光インクです。書いた文字が暗い所で光りますが、書いているときはインクがほとんど見えないので、とても書きづらいです。

インビジブルインク（夜光）
メ エルバン
価 2970円
サ φ45×55㎜
量 30ml

透明感のある
ゴージャスな
光のコントラスト

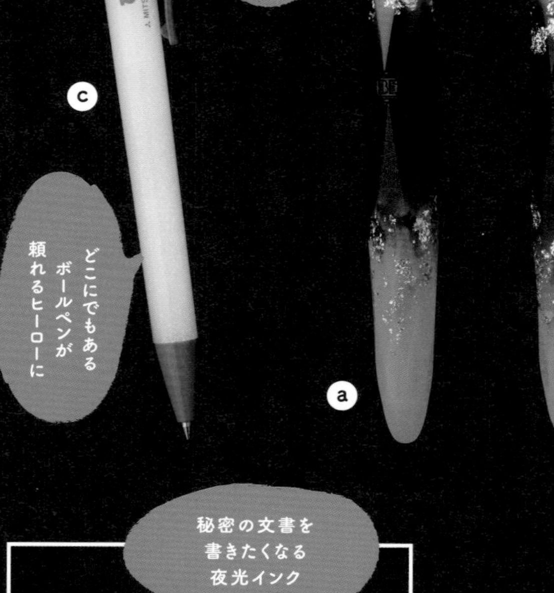

c

どこにでもある
ボールペンが
頼れるヒーローに

a

秘密の文書を
書きたくなる
夜光インク

d

b

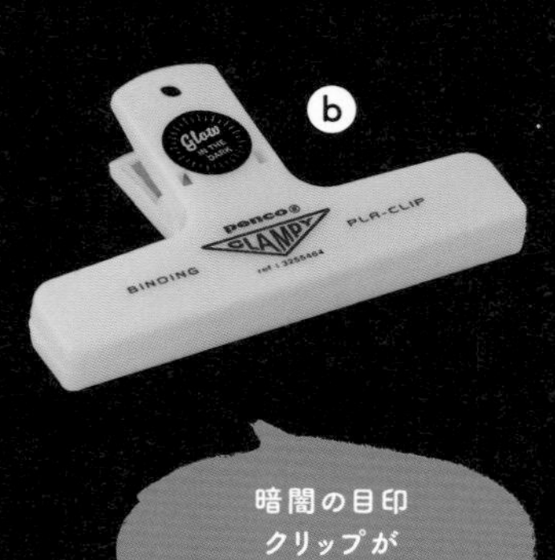

暗闇の目印
クリップが
カッコよすぎ

e

丸い形がかわいいので、いつも黒いバッグのファスナーに付けて利用しています。暗い所で光るので、とても便利です。キーリングなどに付けてもいいですね。トレイと同じく、24時間発光します。

アフターバーナー
グローリング（5個入り）
メ ディテール
価 1980円
サ φ25×D4㎜
（穴φ7㎜）
重 2.8g（1個あたり）

f

鍵などに付けて使用しています。キーリングやバッグのファスナーはもちろん、自転車や傘など目印にしたいものに付けておくと便利です。アウトドアグッズとの相性も抜群。ネームタグとしても使えます。

アフターバーナー
グロータグ
メ ディテール
価 1980円
サ W25×D4×H100㎜
重 14g

g

テープなので曲面にぐるっと貼り付けることができます。ボールペンに貼っておけば、暗い所でもすぐに見つけることができます。切る長さを調整できるので、多くのものに対応できて便利です。

グローテープ
メ ディテール
価 1980円
サ 1㎝幅×4.5m
重 17g

h

アメリカの軍や民間の企業で採用されている、蓄光シリコンラバー製パーツトレイです。耐熱シリコンゴムでできています。蓄光材の光加減は想像以上に明るく、最大24時間発光し続けるというから驚きです。

グロー パーツ トレイ
メ ディテール
価 3960円
サ W150×D16×H100㎜
重 110g

i

スライム作りに活躍する液体のりですが、蓄光も出ていたことに歓喜しています。子どもが大好きなスライム。光るスライムだなんて、絶対喜びますよね。

エルマーズ グロウ
インザダーク
グルー（ピンク）
メ ニューウェルブランズ・ジャパン
価 946円
サ W62×D37×H154㎜
重 180g

j

今となっては用途がわからないのですが、蓄光するので小学生にプレゼントすると喜んでくれそうです。ブルーは青りんごの香り、グリーンはパイナップルの香り付きです。

右：ピッカリブルー
ねりけし2
左：ピッカリグリーン
ねりけし2
メ シード
価 132円
サ W40×D15×H90㎜
重 9g

暗い場所でも
このトレイに
入れておけばOK

h

e

小物に付けて
光る
アクセントに

光のない場所の
道標となる
防災テープ

光るだけでなく
おいしい匂いも
解き放つ

g

j

f

自分の存在を
知らしめる
光るネームタグ

大人もハマる
スライム遊びは
夜が定番に!?

i

エルマーズ グロウインザダーク
グルー（ブルー）

文房具を楽しむために役立つ

使い方のポイント

1

忘れ物防止の強い味方になってくれる

なくしたくないものに付けておくと便利。明かりのないところで光るので、よくなくすものに付けておくと、24時間どんな場所でも見つけやすいです。

2

蓄光ものはなぜか子どもが大好き

電気を消したときに蓄光文具は、ミステリアスな雰囲気が子ども(大人も!?)に驚きと興奮を与えます。暗闇で隠したもの探しなどすると一緒に楽しく遊べるかも!?

3

アウトドアの便利グッズとしても活躍

蓄光文具は夜にぼんやりと光るので、アウトドアで作業や調理をするときにも役立ちます。蛍のようにぼんやりと光る様子も屋外では乙なものです。

stationery for books

読書用品

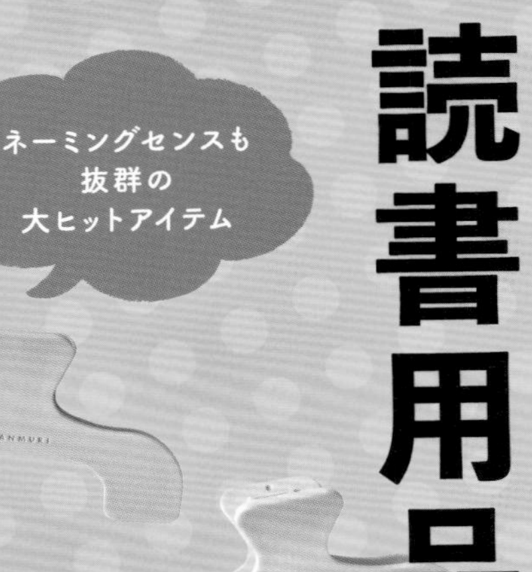

大ヒットの裏には、ネーミングのかわいさも影響していると思います。真ん中が空いている形状だから、本やノートの内容を隠さず留められ、開きぐせがつきにくいのが特徴。軽いのでカバンに入れて、塾や図書館、カフェなどに持ち運ぶのにも便利です。

ウカンムリクリップ
メ サンスター文具
価 660円
サ W120×D40×H76㎜
重 49g
色 ウォータリークリア、サイレントホワイト、ダークフォグ、ピーチベージュ、スモーキーソーダ、ナイトフォレスト

快適な読書タイムの
心強い味方です

電子書籍も便利ですが、できれば、書籍を買って本棚に並べて、手に取って、ページをめくって、紙で読む楽しさを味わっていただきたい。そんな気持ちを込めて読書をサポートしてくれる文房具を集めました。ひと口に読書と言っても、物語をがっつり読んだり、資料として閲覧したりとさまざま。それぞれに対応した文房具で快適な読書時間を過ごしてください。

105gという
ずっしりした
重さがポイント

そろばんの教本を押さえるために開発されたアイテムです。1個売りですが、分厚い本は両サイドを留めるために2個必要です。しっかりとした重さがあるので持ち歩き向きではなく、自宅用かなと思います。参考書や料理本にも使える、便利なアイテムです。

ブックストッパー
㋱ トモエそろばん
㊎ 1100円
㋚ W90×D48×H30㎜
㊅ 120g
㊗ ブラック、ホワイト、レッド、グリーン

真鍮の重みで
辞書や六法全書など
分厚い本もおまかせ

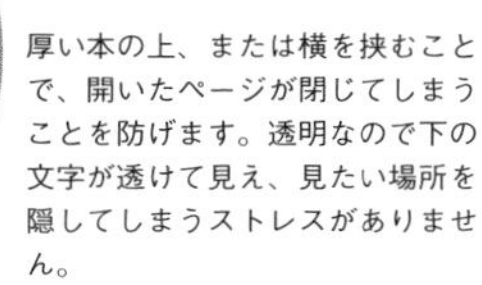

厚い本の上、または横を挟むことで、開いたページが閉じてしまうことを防げます。透明なので下の文字が透けて見え、見たい場所を隠してしまうストレスがありません。

オモクリップ ブック用 おもさでページキープ！
㋱ ソニック
㊎ 770円
㋚ W125×D73×H43㎜
㊅ 105g
㊗ 透明、ブルー

料理本や
タブレットの
立て掛けに

料理をするときに料理本やタブレットを立て掛けるのに便利です。背面にある角度調節パーツを動かすと、見やすい角度に調節することができます。折りたためるので、省スペースで収納可能です。

ケンコー書見台
㋱ レイメイ藤井
㊎ 1650円
㋚ W165×D150×H156㎜
㊅ 167g
㊗ ブラック、レッド、ホワイト

有隣堂では、本の面を見せて陳列するときの什器として大活躍していますが、自宅でも書見台として使えます。ウカンムリクリップと一緒に使うとさらに便利です。

ギブソンホルダー スリーワイヤースタンド 3A
㋱ ハイタイド
㊎ 495円
㋚ W90×D35×H125㎜
㊅ 53g

書店でも
大活躍の
ブックスタンド

子どもの頃の憧れ、
透ける
ブックカバー

昔から百科事典や高級本などが薄い紙に包まれているのに憧れを抱いていました。ブックカバーは湿気やホコリから本を保護し、退色を防ぐことができます。さらに、グラシンペーパーはカバーをしていても、タイトルが判別できるという実用性があります。

GLASSINE PAPER COVER
㋱ ビブリオフィリック
㊎ 880円（S）／1320円（L）
㋚ W378×H250㎜（S）／W508×H381㎜（L）
㊥ 50枚入り

読書記録を楽しめる工夫が満載

読書が進むほどに楽しくなる仕掛けがたくさん。

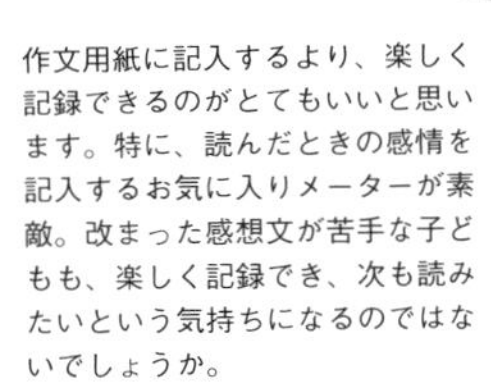

作文用紙に記入するより、楽しく記録できるのがとてもいいと思います。特に、読んだときの感情を記入するお気に入りメーターが素敵。改まった感想文が苦手な子どもも、楽しく記録でき、次も読みたいという気持ちになるのではないでしょうか。

読書ノート
メ コクヨ工業滋賀
価 187円
サ W179×H126㎜（セミB6）
内 30枚

本を読み始めるときに、裏表紙か奥付ページに貼り付けます。白鳥の長い首を読み始めのページに持ってくると、ページをめくるたびに自動的にくちばし部分が移動します。昭和レトロなデザインにもキュンとする読書のお供です。約30回付け替えて使用できます。

スワンタッチ
メ タカハシ金型サービス
価 165円
サ W64×H75㎜
重 2g
色 全5色

まるでカラフルな白鳥がくちばしで押さえてくれるみたいなかわいさ。

一度付けたら読み終わりまで挟み替え不要

工芸品のような凛とした佇まいに惚れ惚れ

開いた本に沿うように湾曲したデザインで、載せるだけでページを押さえておくことができます。挟んで留めるタイプではないので、大切な資料や画集など、傷をつけたくない本にも最適です。3色ありますが、経年変化が楽しめる真鍮製がおすすめです。

本に寄り添う文鎮
メ コクヨ
価 5500円（真鍮製）／2200円（鉄製）
サ W240×D11×H23㎜
重 210g（真鍮製）／195g（鉄製）
色 黒、グレー（鉄製）

本を傷めずに安定させてくれる優れものです。

文房具を楽しむために役立つ

使い方のポイント

1 読書文具を使って姿勢を正しく

読書をする際、ついつい寝転がったり、手で資料を押さえながら読んだりと、無理な姿勢になることも多いです。適切な道具で書籍をホールドして姿勢よく楽しみましょう。

2 読書は読んだあとのケアも大切

読書は読んでいる途中の感動も大切ですが、読んだあと、その気持ちを残したり、伝えたりできるように整理することも大事です。大掛かりなものでなくても、ひと言感想文などでログを残すのがおすすめです。

3 読書のお供にしおりは必須

読書が続かない理由に、どこまで読んだか忘れてしまって、読み直しが多いという声を聞きます。お気に入りのしおりがあれば、簡単に解決されます。

stationery for children

子ども文具

子どもがさまざまなことに取り組む際に、カギとなるのが文房具です。「学ぶこと」は、ほとんどの場合、初めてでできないことが前提になります。そのサポートを文房具にしてもらうことで、安全に、少しでも楽しく、向き合えます。より興味を引き出してくれるきっかけとなる文房具をしっかり選択しましょう。

初めてハサミを使う子どもでも安全に使えるように工夫されています。プラスチック製で刃先は丸く、マイクロギザ刃で紙をしっかりつかんでよく切れるハサミです。私の孫もうまく使いこなせていますよ。かわいいくすみカラーなので、プレゼントにぴったりです。

コクヨのはじめてハサミ
メ コクヨ
価 495円
サ W60×H121㎜
重 19g
色 パステルライラック、パステルミント

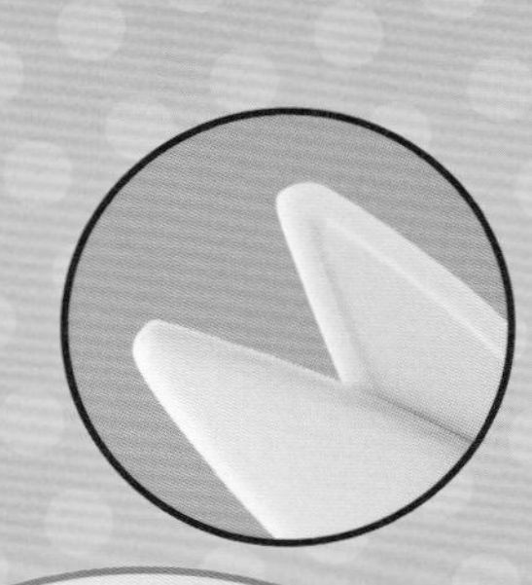

おしゃれでよく切れる孫の愛用品

安全でかわいい色ですが、軽いのも使いやすいポイントです。

私も、子どもや孫に渡す文房具は、かなりこだわりました！

私にとっては思い出のクレヨン

私の子どもが小さいときに使っていました。四角い板状のクレヨンで、一度に広範囲を塗ることができます。面を使って、きれいな虹を描いた記憶があります。小さな子どもでもつかみやすい形状で、みつろうは口に入れてしまっても大丈夫な素材なので安心です。

みつろうブロッククレヨン8色缶
㋱ シュトックマー
㋙ 2530円
㋚ W105×D90×H15㎜
㋛ 145g

手足や体、表面がつるっとした机であれば、水で落とせるクレヨンです。保護者の方も、はみ出して汚れることを気にせず遊ばせられます。小さな子どもでも持ちやすいように、クレヨンは太くて短いサイズです。「初めてクレヨン」におすすめです。

水でおとせるクレヨン 12色
㋱ サクラクレパス
㋙ 1056円
㋚ W137×D27×H197㎜
㋛ 260g

ヒヤヒヤせずにのびのびと遊ばせられる

ちょっとスケッチブックからはみ出してしまっても簡単に拭き取れます。

水性顔料インキで発色が良く、濃い色の紙にも描けます。紙以外にもプラスチック・金属・ガラス・布などに描くことができるので、セットで揃えておくと、お絵描きや工作で活躍します。子どもがしっかり握れる六角軸です。

ジュースペイント 8色セット
㋱ パイロット
㋙ 1760円（極細、細字、中字）／2200円（太字）
㋚ φ16.3×H120㎜（極細、細字）／φ20×H120㎜（中字）／φ24.8×H120㎜（太字）
㋛ 11.9g（極細）、13.6g（細字）、19.9g（中字）、36.1g（太字）

いろいろなものに描ける水性顔料インキ

さまざまな素材に描けると、できることの幅が無限に。

フタを開けて折り曲げるとスタンドになり、色鉛筆ケースがそのまま立てられます。斜めになって色鉛筆が出し入れしやすいのでおすすめです。三角軸で手に馴染みやすく、表面には滑りにくい加工がされています。

ペンスタンドになるケースで取り出しやすい

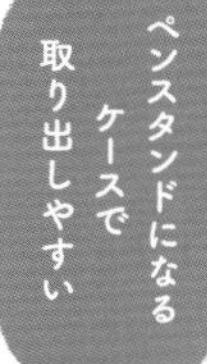

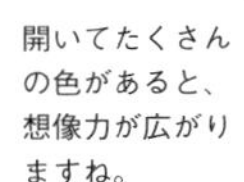

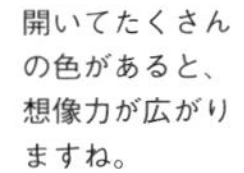

開いてたくさんの色があると、想像力が広がりますね。

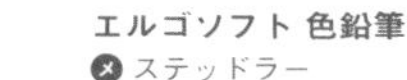

エルゴソフト 色鉛筆
㋱ ステッドラー
㋙ 2200円（12色セット）／4400円（24色セット）
㋚ W109×D14×H185㎜（12色セット）／W215×D14×H185㎜（24色セット）
㋛ 121g（12色セット）／228g（24色セット）

絵心が
なくても
気軽に楽しめる

3㎜四方の四角形のマーカーでドット絵を描くことができます。ポンポン押すだけでいいので、絵が苦手な子どもの強い味方になってくれるかもしれません。反対側に細字ペンも搭載されているので、使い勝手がいいです。

ドット・エ・ペン
メ サンスター文具
価 220円
サ φ10×H156㎜
重 9g
色 全16色

私の小学生時代は動植物の写真が表紙になっているノートが一般的だったので、かわいいイラストノートに驚きました。紙質も格段に良くなっていて、書いた文字が消しやすいです。海外の紙は日本ほど上質ではないと聞くので、海外の方にも使ってみて欲しいですね。

キャンパスノート（用途別）アニマルうみのいきもの5㎜方眼10㎜実線入りジンベイザメ
メ コクヨ
価 880円（4冊パック）
サ W252×H179㎜
重 122g

今の小学生の
ノートって
こんなにかわいいの!?

キラキラしたものが好きなんですが、ラインマーカーでラメ入りが出たのはこれが初めてではないかと記憶しています。ネーミングも素敵です。ガラスの粒に銀を付けた特殊な加工がされています。

キラリッチ
メ ゼブラ
価 132円
サ φ12×H133.5㎜
重 10.1g
色 ピンク、紫、黄、緑、青

キラキラ
リッチな気分で
デコレーション

香りがついた文房具は子どもに大人気です。

香りつきダブルペンです。2色の蛍光マーカーがセットされています。2色それぞれ違う香りがついていますが、スイートポテトとクッキーの香りはお腹がすいてしまうので要注意です。

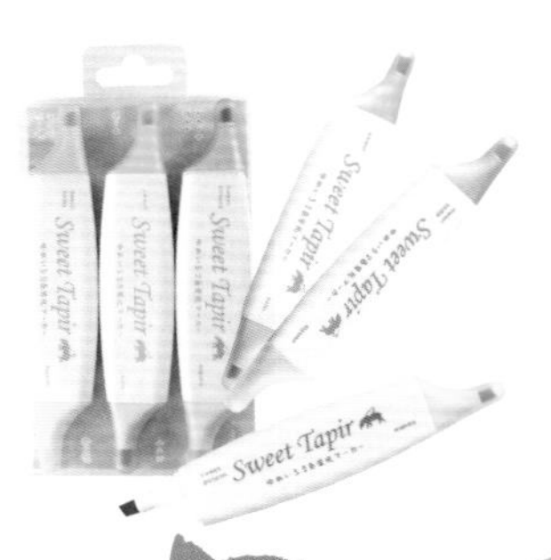

スウィートテイパー ゆめいろ2色蛍光マーカー
メ エポックケミカル
価 176円
サ H125×D9.8×W25㎜
重 12.3g
色 グリーン・イエロー、ピンク・ブルー、パープル・オレンジ

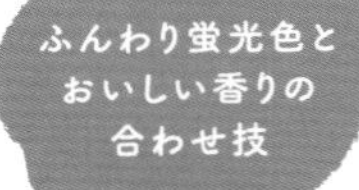

ふんわり蛍光色と
おいしい香りの
合わせ技

暗記に対して苦手意識を持っている方は多いと思います。そんなときは、おもちゃみたいな単語帳で気分を上げてみませんか。中高生は切羽詰まった気持ちを和らげるために。小学生にとっても、勉強の時間がより楽しくなりそうです。ちょっとしたプレゼントにも◎。

ハンバーガー単語帳
メ クルーシャル
価 715円
サ W57×D35×H79㎜
重 50g

憂うつな
暗記勉強を
少しでも楽しく

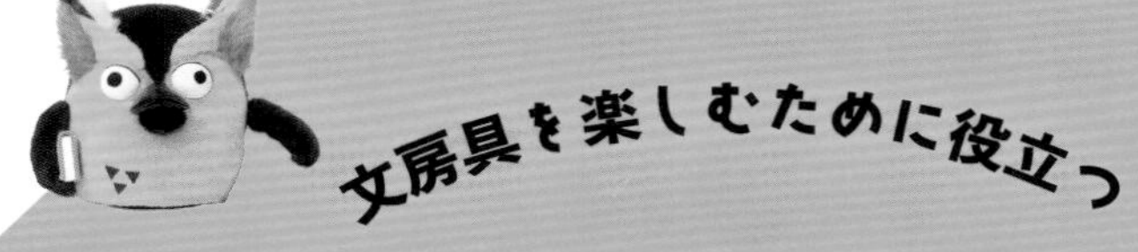

文房具を楽しむために役立つ

使い方のポイント

1

子どもの成長に合わせて創造の邪魔をしない道具を

クレヨン一つにしても、形も多種多様。ペンタイプ以外にもブロックの形で面で描けるものなど、さまざまな筆記を体験できるものもおすすめです。

なるべく色の種類は多く用意する

2

心に浮かぶさまざまなものをイラストにする際は、色の数がそのまま制限になることがあります。できる限り多くの色を用意して、想像の再現を助けてあげましょう。

五感を刺激する文房具を選ぶ

3

見た目にキラキラする線が描けるペン、美味しそうな匂いのする消しゴムなど、道具としてそこまで意味のない機能でも、子どもが前向きに取り組めるのであれば、必要な機能と言えます。

有隣堂しか知らない世界

R.B.ブッコローグッズ大集合

チャンネルの開設から約4年。さまざまな企画から多くのグッズが誕生しました。実はブッコローだけでなく、私・岡崎をはじめ多くの有隣堂社員にまつわるアイテムも。ぜひ、ご注目ください。

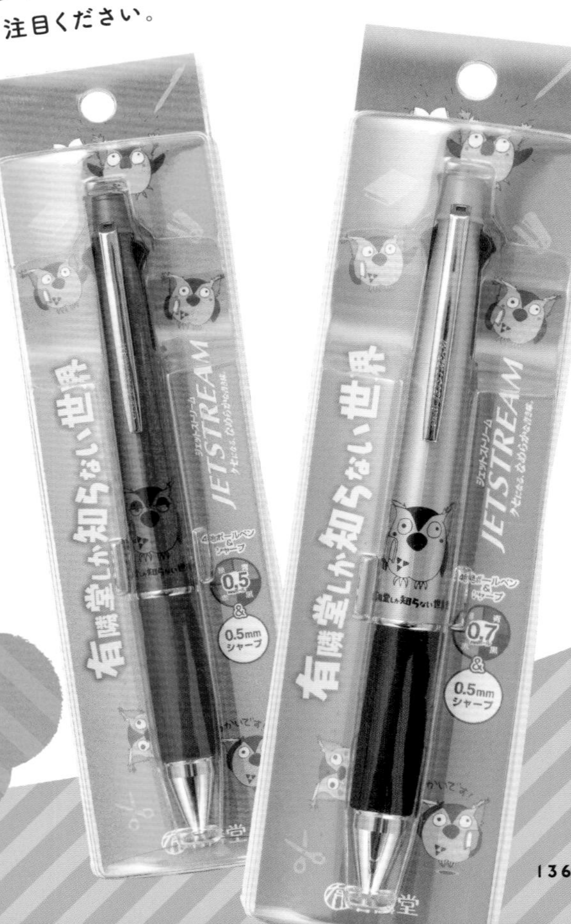

R.B.ブッコロー デザイン ジェットストリーム

4&1グリーン／ブラッドオレンジ

価 1320円
サ φ12.7×H147㎜

動画「極細ボールペンの世界」で三菱鉛筆さんが贈ってくださったものと同デザインのボールペンです。動画に参加している気持ちで使ってほしい！

岡崎と同じ有隣堂の文房具バイヤー間仁田が動画「メモの世界」内で描いた「マニケラトプス」のチャーム付きユニボールワン3本セット。インクの色は左から緑、赤、黒になります。軸には「有隣堂しか知らない世界」のロゴがプリントされています。

有隣堂しか知らない世界 チャーム付きユニボールワン

3本セット

価 1430円
サ φ10.5×H139.5㎜

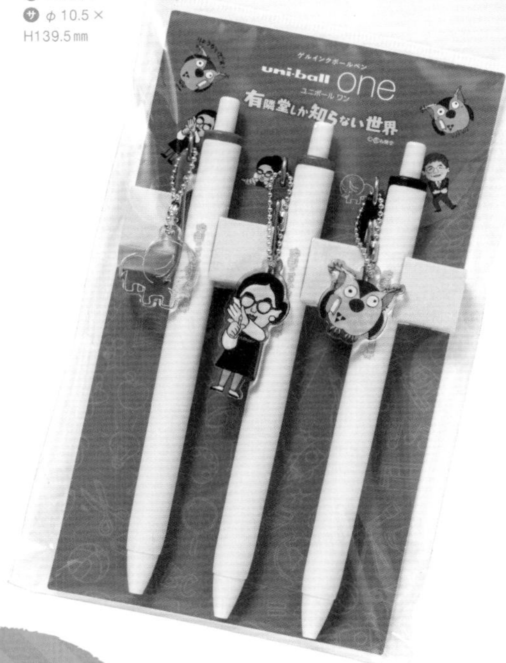

サラサクリップ0.5

ブッコローグリーン／オレンジ

価 110円
サ φ11×H141㎜

ブッコローが40色以上のサラサクリップ部品のなかから、自身のイメージカラーで組み合わせを選定。軸には、ブッコローが生み出したキャラクター「ゼブッコロー」の描き下ろしイラストをプリントしました。生配信では1500本が10分で完売!の記録をたたき出した商品です。

R.B.Bookowl

ブックマークを立て掛けられるスタンド。［テレビ］テレビの大画面でYouTubeを見ているイメージ。［星］忙しいブッコローが夜な夜な本を読んでるときに流れ星が流れたイメージ。［インク］岡﨑が愛するガラスペンのペン先を、インクボトルにつけようとしているイメージ。

R.B.ブッコロー BMスタンド

テレビ・星・インク

価 396円
サ ［星］H97×W66×D36㎜
［テレビ］H82×W95×D26㎜
［インク］H97×W64×D58㎜

ブックマークとスタンドはバラ売りです。
お好きな組み合わせでご購入ください。

※「ブックマーク YouTube」は「スタンド テレビ」専用です。他のスタンドにはお使いいただけません。

ステンドグラス風の透明感のあるブックマーク。［読書］忙しい間をぬって真面目に読書しているブッコロー。［YouTube］記念すべき「有隣堂しか知らない世界」初回の「キムワイプ」放送回。［ガラスペン］岡﨑弘子が愛するガラスペンを再現しています。

ブックマーカー R.B.ブッコロー

ガラスペン・YouTube・読書

価 880円
サ ［ガラスペン］パッケージ：台紙H123×W66㎜
［YouTube］パッケージ：台紙H123×W66㎜
［読書］パッケージ：台紙H123×W66㎜

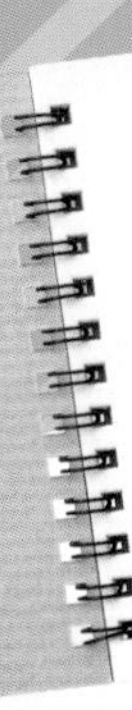

R.B.ブッコロー 図案スケッチブック B6

価 330円
サ W174×H122×㎜

表紙に描き下ろしブッコローイラストが入った図案スケッチブック。中の塗り絵にも同じブッコローが挿入されています。塗り絵は余白部分が大きくとってあるので、自由に描いて、自分だけのオリジナルブッコローデザインを楽しめます。

動画「［子供も大人も楽しい］知育玩具の世界」でハカセイエローが制作した、知育ブロックLaQの小さなブッコローをご自宅で組み立てられるキット。蓄光はスペシャルバージョンです。

有隣堂しか知らない世界 蓄光パズル

価 1518円
内 115パーツ

「ブック」はブッコローが本を抱えるベーシックなデザイン。ミミズク×本の組みわせは、ブッコローをご存じない方にも喜んでいただけるはずです。「パチパチ」はブッコローが喜んで羽をパタパタさせているデザイン。ブッコローを愛するファンにはたまらないかわいらしさです。

R.B.ブッコロー シーリングスタンプ スターターキット

ブック／パチパチ

価 3960円
内 シーリングスタンプ（柄付き）、ワックスピル3色セット（ブック：ブラウン・オレンジ・緑）（パチパチ：サーモンピンク・黄・水色）、メルトポット、スプーン、ティーキャンドル

ブッコローが横浜から神戸に飛んできた姿をイメージした木製ポストカード。神戸阪急店限定です。油絵風のタッチを緻密な凹凸で再現しており、紙製のポストカードでは表現しきれない質感となっています。

R.B.ブッコロー アートポストカード 神戸Ver.

価 660円
サ W10×H14.8㎝

怪しげに光を放つブッコロー！

テープを引き出すとさまざまなブッコローが現れるマスキングテープ。番組イメージのデザイン、実写やイラストがくるくる回るデザインのものもかわいい。

R.B.ブッコロー マスキングテープ ロゴ／実写／くるくる

価 300円
サ 15㎜幅×7m

R.B.ブッコロー スタンプ カプセルトイ

価 550円、660円
サ 30×30㎜と30×50㎜の2サイズ

LINEスタンプで人気のブッコローや岡﨑のイラストを採用。どんな絵柄が出るのかワクワクするカプセルトイ形式で。何が出るかはお楽しみ。

「有隣堂しか知らない世界」キャストアクリルスタンド

価 440円
サ W約9×H6.5㎝

ブッコローとお馴染みの出演者たちがアクリルスタンドになって登場！ イラストは"ブッコローの生みの親"の描き下ろし。絵柄が見えないランダム封入なので、誰が出るかはお楽しみです。

R.B.Bookowi

Column03

YouTubeから飛び出した

ブッコローの名言&迷言集

自己アピール編

カラオケのおはこは中西保志さんの「最後の雨」です。

高級ホテルに10万円かけるんだったら競馬をやりたい。でも、競馬に勝つ方法はズバリやらないこと。

私地理マニアですから。

MCとしてはまあまあ優秀ですけど、男としてはひどい奴です。

僕はスネでフライパンを曲げるタイプの男性に惹かれるんで。

生配信で全部決めたらいいですよ、有隣堂の来期の予算とか!

ブッコローグッズを買おうとしている人は中ぐらいのブッコローのぬいぐるみを買ってください(在庫いっぱいあり)!!

有隣堂しか知らない世界

ハイライト

使える！

HIGHLIGHT 01

蓄光文具の世界

ブッコロー　今回はこちら。蓄光文具の世界〜!!

岡﨑　これはずっと温めてきたものばかりなのですよ。まずは**ofuna glassさんの蓄光ガラスペン**です。素材が違うんですね。ウランガラスっていうガラスを使っています。

ブッコロー　売ってください。

岡﨑　絶対ダメ。

ブッコロー　パスを出してるんですよ。**ウランガラスだけに「売らんよ」って**言ってくれるかなと思って。

岡﨑　（笑）電気を消してみますね。

ブッコロー　え？　おーい、ガラスペンなくなっちゃった。ないないない。全然ないって。ないよ。え、僕の目が悪くなっています？　皆さんは見えていました？

有隣堂しか知らない世界
暗闇で光るBOX、書いた文字が暗闇で光るペン
蓄光文具の世界
え？

岡﨑　……あれ？　ちょっと待ってくださいね。**蓄光じゃなかった**かな。

ブッコロー　蓄光じゃないものを蓄光文具のトップバッターに持ってきちゃった？

岡﨑　落ち着いてください。

ブッコロー　いや、落ち着けない、落ち着けない！

岡崎　ブラックライトで光るんだったかな。

ブッコロー　……じゃあ蓄光じゃないんじゃないですか？

岡崎　そう……。

ブッコロー　「そう」じゃないんですよ。

P　紫外線ランプを当てると黄緑色の蛍光を放つ。**蛍光ですね。**

ブッコロー　……どうしてくれるんですか。このトークだけは絶対にカットせず流しますよ。**これが岡崎弘子の本当の姿だ。**こうやって現場は混乱をしているのだ。……いちばん傷つけてしまったのは、何も悪いことしていないこのガラスペンを作った川口さんなんですよ。何も悪いことしてないのに、ちょっとだけ恥かいたんですよ。多分、冒頭を見ていたらめちゃくちゃ汗が出たと思います。

岡崎　申し訳ないです。ほんとに。

ブッコロー　ちょっと、改めて違う感じでやりますよ！……トップバッターお願いします！

岡崎　まずは**ペンコのストレージコンテナーグロー**です。

ブッコロー　結構大きいもん出てきましたね。（開けてみて）ああっ**ペンコinペンコ!!**
次も……？（開けてみて）ペンコinペンコ!!　もうないでしょ～！　ノー!!　ペンコinペンコ!!

岡崎　これは4つセットなんです。

ブッコロー　どれくらい光るかだよね。**せーの!!**　これ、絶対便利だな。

岡崎　避難用具とか救急箱代わりにすると停電になったときに「ここだ」って探せる。あと釣りの用品を入れて夜釣りに行ったり、眼鏡入れたりとかね。

ブッコロー　ペンコの用途、強いですね。蓄光ってどれくらい光るんですか。

岡崎　30分以上太陽光や蛍光灯などの光

を当てると、最初の数分間は強く発光して、1時間後も輪郭が確認できる程度発光します。

ブッコロー　これ、ちょっとほしいです。おいくらですか。

岡﨑　**4個セットで2200円**です。

ブッコロー　悪くないですね。

岡﨑　次は**サクラクレパスの蓄光用マーカー**です。

※店頭での販売はなし

ブッコロー　いいですね。（書いてみて）思ったより減る感じがする。いちばん近いのはスティックのりですね。……はい、書きました。せーの！すごい。**結構光ってますよ**。すごい‼

岡﨑　いろいろなものに書けるんですよ。プラスチックや金属にも。

ブッコロー　書いてから、どれくらい持ちますか？

岡﨑　光を20分ぐらい当てておいて、90分から120分ぐらい。

ブッコロー　用途は何かな。緊急時に「非常口」って書いておくか。

続いてお願いします。

岡﨑　**銀鳥産業のひかる！蓄光かみねんど**です。

ブッコロー　これはおもしろいですね。岡﨑さん、何を作ったんですか？

岡﨑　ブッコローを作りました。**チッコロー（蓄光＋ブッコロー）**ですね。

ブッコロー　上手ですね。

岡﨑　なんか良かった。うれしい。

ブッコロー　本当、上手ですよ。せーの！　**おお、光っていますよ。**

最初は子どもに言わないほうがいいですね。普通の紙粘土として遊んで「いろいろ作ってみよう」って。

「何作ったの？」「僕、あのおもしろいキャラクターの**ブッコロー**を作ったよ！」「よくできたね！　じゃあ、電気消してみようか」「なんで電気なんか消すんだよ〜」パッと電気を消したら**「光るんだぁ！」**って。

岡﨑　喜びですよね。

ブッコロー　大喜びですよ！

蓄光文具の裏世界

P これはひどい回でしたね。

岡﨑 あれはみんなに大迷惑をかけて。

P これは僕も当然光るものだと思って、本番前の打ち合わせで確認しなかったんですよね。

岡﨑 蓄光って、光を蓄えておくと、暗くなっても光るというものなので、事前にすごい光を当てていたんですよ。

ブッコロー このガラスペン、まあまあ蓄光の顔してますもん。

岡﨑・**渡邉** そうそう、そうそうそうそう。

ブッコロー 何も思わなくて。最初のうちはボケとか「岡﨑さんやらかしたな」とかじゃなくて「え、マジで光ってないけど。どういうことなの？」って。本当に困惑ですよ、マジで。「え、何か間違っちゃってんのかな」みたいな。

岡﨑 思い出がよみがえってきちゃった。

P 岡﨑さんはどういうつもりでこれを持ってきたのかしら。

岡﨑 蓄光です。「蓄光のくくりのものを集めよう」みたいな。私が持っている蓄光文具を、全部集めてここに持ってきたんです。で、暗くなっちゃってから思い出したんですよ。

P え？　これは蓄光だと思っていたの？　それとも勘違い？

岡﨑 蓄光だと思って持ってきたんです。

渡邉 最初は「蛍光」だって認識してたけど収録開始時点では「蓄光」だと思い込んでいたんですね。

岡﨑 いつも光らせるためのブラックライトを当てていて。でもこの日はなぜかブラックライトがなくて、日光にずっと当てておいたんですよ。だから、真っ暗になったときにポワンって光ると思ったのに、何も……シーンってなったから。

P 蓄光ガラスペンがあって、それと間違えちゃったんですか？　それとも、そんなものは存在しない？

岡﨑 記憶がすり替えられちゃってるの。「あっ」って思い出したときにはすでに遅し。

渡邉 私もこれ、疑いもしなかったです。

P 誰も疑ってなかったよね。むしろいちばん期待してたぐらいですもん。

ブッコロー この中でいちばんきれいに光りそうだしね。

参加スタッフ

岡﨑、ブッコロー、プロデューサー（P）、渡邉 郁（渡邉）

YouTube
動画制作の
ナイショ話!?

P しかも、「光るから暗いとこでも書けるね」ぐらいのことを言ってたから。手元が見えるからとか、実用性もあるじゃないかぐらいの感じでウキウキと「これはすごいぞ」みたいな。「書けるかな。それくらい光るのかな」っていう期待感抜群で、バンッて電気消したら真っ暗（笑）。

ブッコロー しかもトップバッターだった。

P いちばん光ると思ったからトップバッターに持ってきたの。

ブッコロー そっかそっか。

P そしたらこれですよ。

岡﨑 私もそう思ってました。そしたら30秒後にこうなって……ごめんね。記憶をよみがえらせるために、皆さんに「ちょっと落ち着いてください」って言ってるんですよ。すごくあわててるんだけど、落ち着かないと思い出せないと思って。

ブッコロー 「なんで今こんなことが起こっているのか」と。

岡﨑 そう。「皆さん落ち着いてください」って。「ちょっと考える時間を」って思ったんですけど。すごいびっくりしましたね。

P そのあと、このガラスペンを作ったガラスペン作家の川口さんから何か言われました？

岡﨑 別に何も言われてないですね。

ブッコロー 川口さんは岡﨑さんに何も言ってないけど、ちょっとだけ傷ついたんだよ。

岡﨑 でも、川口さんは蓄光のペンは作っていないんです。実は、紫外線の光を当てると「ポワン」って光るペンを作ってくれてるんですよ、ずっと。

渡邉 「蛍光」ね。

岡﨑 ウラングラスを入れたもので。でも、お客さんにもわかんないんです。

渡邉 わかる人にしかわかんないってことですか。その秘密を知らないと光を当てないですものね。

岡﨑 そう。「こうやってやると光る」っていうペンを、ずっと作ってくるんですよ。変わった人なので。

ブッコロー 誰も知らない蛍光のガラスペンを作り続けていると。

岡﨑 たまたま光を当ててみたら、「光ってる！」ってなって、電話したら「あ、バレました？」って。

渡邉 え？　岡﨑さんにも言わないってこと？

岡﨑 そうですよ。変わってますよね。

渡邉 変わってますね。

ブッコロー 変わってる者同士ですね。

読書がはかどる！

HIGHLIGHT 02

読書用品の世界

ブッコロー　さぁ、読書文具でおすすめのもの、いきましょう。

岡﨑　**エイチ・エス**という、透明な四六判の**本のカバー**です。これがピッタリなんですよ。きれいにしておきたい本にかけるのが最高にいいんですよ。サイズが豊富にあるんです。いちばんウチで売れているのがB5です。

あとはA5やB6で、教科書や参考書のサイズ。長く使うからカバーしたいですよね。手アカが本に付かないし、水に濡れても大丈夫です。

ブッコロー　四六判はいくらですか？

岡﨑　**290円**。文庫サイズは**240円**です。書店でかけるカバーとは素材が違います。

ブッコロー　きれいに見えるし、本が何かがわかりますよね。すごく表紙が好きな本はいいかもしれないですね。

岡﨑　続いて、福祉法人の埼玉福祉会が作っている**ピッチン**です。

ブッコロー　なんだろう、これ。

岡﨑　図書館の本に大体かかってるんですよ。

ブッコロー　ラミネートみたいなやつですか。

岡﨑　中に線が入っているので、好きなところでカットしていただけます。カバーがかかっていないいんじゃないかと思うぐ

らい薄くてきれいなんです。

ブッコロー　これいいな。いいんだけど、きれいに貼れるかどうかですよ。

岡﨑　YouTubeに貼り方が出てますよ。

ブッコロー　ダメ。コツをつかまなきゃ難しいからYouTubeに出てるんでしょ。白米を口の中に持っていく方法ってYouTubeないでしょ。できないからYouTubeに上がっているんですよ。

岡﨑　貼ってすぐだったら貼り直しができるんです。

ブッコロー　貼り直しができるってことは、貼り直しという事態が起こるってことじゃないですか。練習もなしでピタッとできたら、すごくいいなと思ったんですよ。ピッチンはいくらですか。

岡﨑　**660円**。

ブッコロー　今のとこピッチンがいちばんヒットかな。これから図書館行ったら「ピッチンやってあるんだ」って言おう。

岡﨑　かっこいいですね。

ブッコロー　いや、かっこよくはないですね……。

岡﨑　続いて、**ベアハウスのワタシ文庫**です。しおりなのですが、見たことありませんか？　図書貸し出しカードで、オレンジ色の入れ物までついている。

ブッコロー　うわあ、懐かしいなぁ！　このカードなくして先生に怒られましたよね。読み始めと終わりの日と、本のタイトルを書く。これいいですけど、たぶん最初だけだな、気に入って使うの。これいくらですか。

岡﨑　450円です。

ブッコロー　3枚入りで1個150円。まあ悪くないですね。

岡﨑　次も**ベアハウスさんで、フリーサイズブックカバー**です。どんな本もこれ一つで大体いけます。マジックテープが付いているので、厚さが調節できます。本の表紙を片方入れて、カバーを付けます。

ブッコロー　**めっちゃぴったりじゃないですか！**　すごくよく考えられている。これ考えた人マジで天才じゃないですか。おいくらですか。

岡﨑　**1500円**です。

ブッコロー　まあそれぐらいでしょうね。妥当な価格です。これは今のところ**私の中で読書用品大賞です。**

岡﨑　続いて、**ジスクリエーションのHONTO。**読書するための枕です。横になって読みたい人が結構いるんですけど、こうやって使います。

ブッコロー　横になって物を見るのにフィットする、ちょうどいい枕ってことですか。

岡﨑　真ん中がへこんでいるところに頭がちょうど乗って、口のところも苦しくないようにカーブになっています。

ブッコロー　ほんとにそれでフィットします？　岡﨑

さん、横になって本を読むとき、必ずHONTO使って本を読んでますね？

岡崎　あればね。

ブッコロー　どういうことですか。持ってないってことですか？

岡崎　持ってないけど売れてるんですよ。ほんとにほしい。

ブッコロー　HONTOだけに？

岡崎　そうですね（笑）。

ブッコロー　なんでちょっと照れちゃっているんですか。これは体験しないとな。うん……はい、これは保留です。よさそうだけど、使ってみないとわからないので。

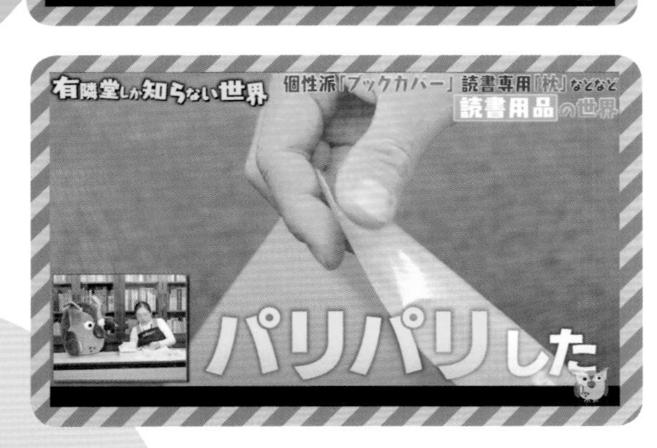

岡崎　最後は**ビブリオフィリックのグラシンカバー**です。すごく薄いパリパリした紙です。

ブッコロー　粉薬入ってるあれに似てますね。

岡崎　ほかにもいろいろ使われてるんですよ。肉まんの下についているのもグラシンペーパーです。本が光によって退色しちゃうので、それを防ぐために付けます。手の脂とかも、本を読んでると付くんですよ。大切にしたい本に付けておく。

ブッコロー　透け感があっておしゃれな感じが出ますよね。結構カバー出てきましたもんね。透明にするのか、グラシンでボヤッと透けた感じにするのか。

岡崎　ボヤッと透けた感じにしましょう。これ私のイチオシなので。

ブッコロー　岡崎さんの中で読書用品ナンバーワンはグラシンペーパーですか。僕は**フリーサイズブックカバー**ですね。

世紀の大発明!!

本編動画はコチラ

読書用品の裏世界

渡邉　これは最初の頃でしたね。

P　うん、3年前。

ブッコロー　この「読書用品」のテーマは僕からすると「よく思いついたな」って感じでした。

渡邉　読書用品は、岡﨑さんの当時の上長の永野さんが「読書用品いっぱいあるよ」って言ってくれたんですよね。

岡﨑　そうでした。

ブッコロー　思いつきそうで思いつかないジャンルじゃないですか。特に僕みたいな本を読まない人間からすると、「読書用品」って聞くと「そうきたか！」みたいな。

渡邉　店舗には「読書用品」のコーナーがあるんですよ。

岡﨑　ゆーりんちー（有隣堂しか知らない世界のファンの総称）の方がカバーを付けた『ゆうせか本』（『老舗書店「有隣堂」が作る企業YouTubeの世界』）を持ってきてくれることが多くなりましたね。動画で紹介した透明な「エイチ・エス」さんのカバーをして「サインください」って言う方がよくいらっしゃるようになりました。

渡邉　ありがたいですね。この動画は、まだこの伊勢佐木町本店6階のYouTubeのスタジオができる前で懐かしいです。有隣堂の本社がある東戸塚の会議室で撮影してました。この回は今と同じく週1本の動画配信でしたが、週2本配信していた頃があり、そのときは「東戸塚に朝10時に来て」って言って、夜まで4本撮ってました。

ブッコロー　4本撮ってたんでしたっけ。僕、よく生きてましたね。

渡邉　このままじゃ全員死ぬからって話になってね。

ブッコロー　ほんとキツかったですねー！

渡邉　ひどいときは5本入れたことがあって「もうやめてくれ」って言われましたね。

ブッコロー　最も売れている芸人の最も売れているときみたいなスケジュールですよ。5本撮りなんて。

渡邉　本当にありがとうございます。

ブッコロー　今はたるんでいますね。一日2本なので。

P　東戸塚で4本撮りも大変でしたけど、チャンネル立ち上げ初期の頃の伊勢佐木町本店の閉店後に撮影っていうのも大変でしたね。20時に閉店してそこから準備して撮影して……。「盛り上げなくてはいけない」「わかりやすくしなければいけない」「でも終電が迫っている」っていう。「終電が迫っ ている」っていうのが心の3割を占

YouTube動画制作のナイショ話!?

めているんで、収録がまだ消化不良の状況でも「あとはなんとかします。もうブッコローさんはダッシュで駅に向かってください」って言って帰らせて、力技の編集をするのがしんどかったです。

渡邉 チャンネルを続けるなかでほかに辛かったことはありますか？

P 結果が出てないときがいちばん辛かった。停滞期が何回かあって。初期とか、あとは週2回配信のときもなぜか思ったほど伸びなかったので。結果が出ていれば多少辛くてもどうとでもなるんですけど、結果が出ないときはね……。

渡邉 私も週2本のときが辛かったですね。

P 結果が出ないって辛いよね。あれで結果が出てればね。

渡邉 あれだけ辛い思いして。

ブッコロー 今から思えば、よく週2本もアップしてましたよね。

岡﨑 ですよね。すごいですね。

渡邉 あの頃に週2本やっていなければ、今使えるネタがいっぱいあったなとも思います。

P それはそうと、岡﨑さんの今後の野望は？

岡﨑 これまでにもガラスペンとかいろいろやってますけど、「まだ流行っていないものを紹介できれば」といつも思っています。

ブッコロー なるほど。このチャンネルから、そして岡﨑百貨店から、次のムーブメントを起こしたいと。

岡﨑 それを取り上げてもらえるように提案したいです。

P それが野望？ てっきり「天下り」が野望かと思っていました。

岡﨑 天下りは悪いイメージが。

P 天下りは悪くないでしょ。お互いにウィンウィンだったら。

ブッコロー そこそこで有隣堂を退職して、文房具メーカーに入ってスーパーアドバイザーになるとか。「この色はかわいくないから、私は認めないからね！」って。

岡﨑 どうでしょうか。みんな「あの人に作らせてすごいものができる」って思ってないから、そんなオファーが来るかなあ。

ブッコロー ネタ次第でしょうけど、岡﨑さんに入ってもらって一緒に商品開発とかね。「無料」って言ったらあると思うんですけどね、岡﨑さんをアドバイザーに迎えたい文房具メーカーは。

P やっぱり天下りで。

岡﨑 天下りはいやだな。

P じゃあ有隣堂の社外取締役を狙うとか。

ブッコロー 全部やっちゃえば？

岡﨑 怒られちゃいますね。調子に乗ってるって。

参加スタッフ

岡﨑、ブッコロー、プロデューサー（P）、渡邉 郁（渡邉）

文房具の楽しさがきっと伝わる！ YouTubeチームセレクトの

おすすめ動画リスト

本書に収録しきれなかったけれど、
ぜひとも見てほしい
「有隣堂しか知らない世界」の
文房具動画をご紹介します。

1

[最強はどれだ] 油性ボールペンの世界 [メーカーに直電] ～有隣堂しか知らない世界012～

総再生回数
69.1万

三菱鉛筆、パイロットコーポレーション、ゼブラ……筆記具3大メーカーの売れ筋油性ボールペンを独断と偏見で比較してしまいました！ パイロットコーポレーションの担当者が電話出演し、本音さく裂。

2

[1枚＝数十円？] 知られざる「特殊紙」の世界 ～有隣堂しか知らない世界059～

総再生回数
35.6万

模様入り、キラキラ光る、名前のインパクトがすごい…用途不明な商材「特殊紙」にスポットを当ててみました。紙好きな方からの反響が大きかった、紙マニアにはたまらないニッチな動画！

3

[今回は全部買える] 高価格文房具の世界 ～有隣堂しか知らない世界061～

総再生回数
46.8万

有隣堂伊勢佐木町本店で実際に売っている高価格文房具を続々紹介。超高いテープカッター、水彩筆、万年筆、はたまた絵画まで。「本ではないので文房具」という岡﨑の迷言が飛び出した伝説の回。

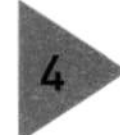

4

[絶対王者vsパイオニア] 消しゴムの世界 ～有隣堂しか知らない世界068～

総再生回数
36.5万

身近な文房具であり、使ったことがないという方はいない「消しゴム」。トンボ鉛筆のMONO一強と思われるなか、いちばん歴史のあるメーカー、シードの常務取締役が登場して……！？

［月に何本作ってるの？］ガラスペン作家の１日ルーティンの世界 ～有隣堂しか知らない世界070～

総再生回数
34.3万

あまり取り上げられることのない“ガラスペン作家”の1日。工房に定点カメラを置かせていただいてルーティンを撮らせてもらいました。世界に1本のガラスペンはどんなふうに作られているのでしょうか？

［災害時にも役立つ］アウトドア文具の世界 ～有隣堂しか知らない世界074～

総再生回数
35.0万

アウトドアブームに、文房具業界も参入！　野外での作業や災害時にも役に立つ文房具にスポットを当ててご紹介しました。使える文具ばかり紹介する社内でも有数の文房具通「生粋の文具っ子」こと寺澤篤子に、ブッコローもびっくり。

［応用編］シーリングワックスの世界 ～有隣堂しか知らない世界094～

総再生回数
30.5万

人気のシーリングワックスの応用編。アロマオイルを垂らしたり、写真を留めたり、光らせたり……岡崎おすすめのシーリングワックスの楽しみ方をご紹介します！

［発想が違う］台湾文具の世界 ～有隣堂しか知らない世界095～

総再生回数
30.8万

日本の文房具店で見かけることの少ない台湾の文具。有隣堂が運営している「誠品生活日本橋」で取り扱いのある商品をご紹介しました。

［イチオシ４選］メモ帳の世界 ～有隣堂しか知らない世界137～

総再生回数
25.6万

スマホがあればメモ帳なんて使わない！というご時世に、文房具バイヤー間仁田がどうしても紹介したい！というメモ帳をご紹介。スマホにはないアナログなメモ帳ならではの良さを発見してください。

［意識高いだけとは言わせない］エコなのに使える文具の世界 ～有隣堂しか知らない世界197～

総再生回数
17.1万

地球環境などに配慮したエコな文具をご紹介。使うことで地球環境にも優しく、かつ見た目も使いやすさも◎！　噛み合っているようで噛み合っていないブッコローと岡崎のトークも相変わらず絶好調です。

（※総再生回数はいずれも2024年5月時点）

岡崎百貨店
いつも
ありがとう

おわりに

扶桑社さんから「文房具の本を出しませんか」と声をかけていただいたのは、確か２０２２年はじめ頃。ＹｏｕＴｕｂｅで自分の好きな文房具を紹介していたら、そんなことになりました。

「岡崎さんの紹介したい文房具を載せられるだけ載せましょう」と言っていただいたので、この本でご紹介しているのは、本当にすべて、私が愛してやまない文房具ばかりです。なかでも、筆記具やノート・便箋などの「手書きを楽しむもの」に関しては、ご紹介したい商品が多すぎて、迷いに迷ってしまいました。

私の「手書き好き」の原点は、本の中で紹介している「おじいちゃんからの絵手紙」です。一枚一枚、丁寧に描いてくれた絵手紙には、孫（私）への愛情がギュッと詰まっていて、見返すたびに心が温かくなります。

スマホやパソコンで簡単にメモが取れてメールも送れる

時代に、「手書き」は必要ないものかもしれません。でも、ひと手間かけることで伝わる心や、「手間をかけること」自体の楽しさや豊かさがあります。それは、相手を思って選んだ道具や、自分の好きな文房具を使うことで、もっともっと深く広くなると思います。

この本を手に取ってくださった方、YouTubeをいつも見てくださっている方々に、心から感謝を申し上げます。みなさんからいただく手書きのメッセージやお手紙も、私の宝物になっています。

こんなふうに、自分の趣味みたいなことに光を当ててもらって、大好きな文房具や作り手さんたちをみなさんにご紹介できたことがとてもうれしいです。これからも、文房具の楽しさをいろいろな形で皆さんと一緒に共有していけたらと思っています。

岡﨑弘子

編集　木庭 将／木下玲子（choudo）
制作協力　キャリア・マム
（小尾和美／御郷真理子／
里中 香／吉岡朋子）
鳥飼アミカ
デザイン　近藤みどり
イラスト　岩岡弥生（有隣堂）
撮影　星 亘／中川菜美／
山川修一／林 紘輝（扶桑社）

岡﨑弘子

1986年入社の有隣堂文房具バイヤー。有隣堂が運営するYouTubeチャンネル『有隣堂しか知らない世界』で、愛情たっぷりに文房具を紹介する様子が人気を得ている。自身が選定した文房具や雑貨を集めたコーナー「岡﨑百貨店」をSTORY STORY YOKOHAMAで展開中。

有隣堂名物バイヤー岡﨑弘子の

愛すべき文房具の世界

発行日　2024年6月30日　初版第1刷発行

著者　岡﨑弘子・有隣堂YouTubeチーム
発行者　秋尾弘史
発行所　株式会社 扶桑社
〒105-8070
東京都港区海岸1-2-20　汐留ビルディング
電話　03-5843-8843（編集）
03-5843-8143（メールセンター）
www.fusosha.co.jp
印刷・製本　図書印刷株式会社

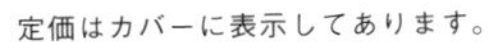

Printed in Japan
ISBN978-4-594-09065-4